統計科学

講義ノート

首藤 信通 著

学術図書出版社

まえがき

　本書は神戸大学海事科学部において 2014 年度から 2019 年度に著者が担当した学部 2 年生および 3 年生を対象とした講義内容に基づいて執筆した講義ノートである．いずれの講義も各研究分野で活用し得る統計リテラシーを涵養する講義として設置されたものと理解している．

　一般に，学部 1 年生を対象とした統計科学の講義は統計科学に触れた経験が少ない学生に推測統計の目的，重要な概念とその意味に馴染んでもらうことが主となるため，残念ながら実用的なデータ解析手法に関する内容に至っていない．それは統計科学の理論構築の大部分が数理科学によることに由来しており，知識の積み上げが必要不可欠となるためである．本書ではその積み上げ（特に，確率分布に関する基礎知識）と多少の準備を経て，より実用的な統計科学の手法に関する理論と応用を学ぶ．

　具体的には，2 標本問題や最尤推定法を含む推測統計（推測統計（詳論）編），測定条件の組み合わせが異なる群を比較する際に活用される分散分析（分散分析編），多変量データの関係を推測する相関分析および回帰分析（相関・回帰編），多変量データを分類するために必要となる判別分析およびクラスター分析（判別・分類編）を扱っている．さらに詳細な内容に関心がある読者については，参考文献を併せて参照されたい．

　なお，各編の最後に演習問題を用意しているが，3 個の採番がなされている．これは各回の講義終了直後から各自で復習できるようにするためである．最初の枝番は各編（1：推測統計（詳論）編，2：分散分析編，3：相関・回帰編，4：判別・分類編）に対応している．また，2 番目の枝番は各編における何節目の内容の問題であるかを表し，3 番目の枝番は問題番号を表す（例えば 3.4.2. であれば，3.4. 節の内容に関する 2 番目の問題を表す）．したがって，どの時点でどの問題まで取り組めるかが明白である．略解も用意しているので，必要に応じて活用してほしい．

　近年，統計科学を活用する能力が必需となる時代に差し掛かっている．統計科学の有用性が注目を浴びる昨今であるが，統計科学を研究分野とする著者としては，統計科学について有用であるとわかる実例（応用）で関心を抱いてもらうだけでなく，統計科学の背景にある仕組み（理論）についても関心を抱いてもらえるように努めていきたいと考えている．本書によって 1 人でも多くの学生に理論と応用の両面で関心を与えることができたならば，幸甚の至りである．

　本書の出版は株式会社学術図書出版社の貝沼稔夫氏からご提案いただいたことを契機に実現したものであり，企画から出版に至るまでのすべてにおいて大変お世話になりました．ここに深く感謝申し上げます．

2020 年 3 月

首　藤　信　通

目　次

1. 推測統計 (詳論) 編
　準備 (確率変数と確率分布) …… 2
　1.1. 確率分布の復習 …… 3
　1.2. 最尤推定法 …… 10
　1.3. 2つの正規母集団における統計的推測 …… 16
　演習問題 (推測統計 (詳論) 編) …… 24

2. 分散分析編
　2.1. 1元配置分散分析 …… 30
　2.2. 2元配置分散分析 (1) …… 36
　2.3. 2元配置分散分析 (2) …… 42
　演習問題 (分散分析編) …… 45

3. 相関・回帰編
　3.1. 最小2乗法 …… 48
　準備 (確率変数ベクトルの確率分布・積率) …… 54
　3.2. 母相関係数と母回帰曲線 …… 55
　3.3. 母相関係数に対する統計的推測 …… 59
　3.4. 母回帰直線に対する統計的推測 …… 64
　準備 (ベクトル・行列の基礎事項) …… 69
　3.5. 重回帰分析 …… 70
　3.6. 回帰の評価規準 …… 75
　演習問題 (相関・回帰編) …… 78

4. 判別・分類編
　4.1. 判別分析 …… 84
　4.2. 階層的クラスター分析 …… 90
　4.3. 非階層的クラスター分析 …… 98

演習問題 (判別・分類編) **103**

付録
　　演習問題略解 **106**
　　数表 **110**

　　参考文献 **116**
　　索引 **117**

1. 推測統計（詳論）編

準備 (確率変数と確率分布)

確率変数

標本空間を Ω とする.標本点 $\omega \in \Omega$ に対する実数値関数 $X(\omega)$ を **確率変数** という.

確率変数は特に誤解するおそれがない場合は ω を省略し,大文字のアルファベット (X, Y など) のみでかくことが多い.また,実測値はこれと区別するために小文字 (x, y など) で表される. **統計解析法は,確率変数がとり得る値の種類によって区別される**.

- **離散型確率変数**
  サイコロの目を表す確率変数は, 1, 2, 3, 4, 5, 6 のいずれかである.このように,確率変数がとり得る値全体の集合が可算集合である場合,その確率変数を **離散型確率変数** という.

- **連続型確率変数**
  身長 (cm) を表す確率変数は, 0 以上の実数値として得られる.このように,確率変数がとり得る値全体の集合が非可算集合である場合,その確率変数を **連続型確率変数** という.

確率分布

X を確率変数とするとき,すべての $A \subset \mathbb{R}$ に対して $P_X(A) = P(X \in A)$ を対応させる規則 P_X を確率変数 X の **確率分布** または **分布** という. X の確率分布が P_X であることを X **は確率分布** P_X **に従う** という.

1.1. 確率分布の復習

離散型確率分布

- 確率関数　$f_X(x) = \mathrm{P}(X = x)$
- 分布関数　$F_X(x) = \mathrm{P}(X \leq x) = \sum_{x_i \leq x} f_X(x_i)$
- k 次積率　$\mathrm{E}(X^k) = \sum_x x^k f_X(x)$

    (i) $\mathrm{E}(X)$ を X の**平均** (または**期待値**) といい, μ で表すことがある.

    (ii) $\mathrm{V}(X) = \mathrm{E}[(X - \mathrm{E}(X))^2] = \sum_x (x - \mu)^2 f_X(x)$ を X の**分散**といい, σ^2 で表すことがある.
    $\mathrm{V}(X) = \mathrm{E}(X^2) - \{\mathrm{E}(X)\}^2$ でも計算可能.

- 積率母関数　$m_X(t) = \mathrm{E}(e^{tX}) = \sum_x e^{tx} f_X(x)$

    (i) $\mathrm{E}(X^k) = m_X^{(k)}(0)$

    (ii) 確率分布と 1 対 1

ベルヌーイ分布 (パラメータ p) の例

$$f_X(x) = \begin{cases} p^x (1-p)^{1-x} & (x = 0, 1) \\ 0 & (x \neq 0, 1) \end{cases}$$

連続型確率分布

- **確率密度関数, 分布関数** $F_X(x) = \mathrm{P}(X \leq x)$ を**分布関数**, $F_X(x) = \int_{-\infty}^{x} f_X(t) dt$ を満たす非負関数 $f_X(x)$ を**確率密度関数**という．

- k **次積率** $\mathrm{E}(X^k) = \int_{-\infty}^{\infty} x^k f_X(x) dx$

  (i) $\mathrm{E}(X)$ を X の**平均**(または**期待値**)といい, μ で表すことがある．

  (ii) $\mathrm{V}(X) = \mathrm{E}[(X - \mathrm{E}(X))^2] = \int_{-\infty}^{\infty} (x - \mu)^2 f_X(x) dx$ を X の**分散**といい, σ^2 で表すことがある． $\mathrm{V}(X) = \mathrm{E}(X^2) - \{\mathrm{E}(X)\}^2$ でも計算可能．

- **積率母関数** $m_X(t) = \mathrm{E}(e^{tX}) = \int_{-\infty}^{\infty} e^{tx} f_X(x) dx$

  (i) $\mathrm{E}(X^k) = m_X^{(k)}(0)$

  (ii) 確率分布と1対1

正規分布 $N(\mu, \sigma^2)$ の例

$$f_X(x) = \frac{1}{\sqrt{2\pi\sigma^2}} \exp\left[-\frac{1}{2\sigma^2}(x-\mu)^2\right] \; (-\infty < x < \infty)$$

多次元の結合確率分布

確率変数ベクトル $\boldsymbol{X} = (X_1, \ldots, X_d)'$ の結合確率分布を考える．

- 離散型の場合 $f_{\boldsymbol{X}}(x_1, \ldots, x_d) = \mathrm{P}(X_1 = x_1, \ldots, X_d = x_d)$ を**結合確率関数**という．
- 連続型の場合
$$\mathrm{P}(X_1 \leq x_1, \ldots, X_d \leq x_d) = \int_{-\infty}^{x_1} \cdots \int_{-\infty}^{x_d} f_{\boldsymbol{X}}(t_1, \ldots, t_d) dt_1 \cdots dt_d$$
を満たす非負関数 $f_{\boldsymbol{X}}(x_1, \ldots, x_d)$ を**結合確率密度関数**という．

周辺確率分布

確率変数 X_i の周辺確率 (密度) 関数は以下のように定義される．

- 離散型の場合 (周辺確率関数)
$$f_{X_i}(x_i) = \sum_{x_1} \cdots \sum_{x_{i-1}} \sum_{x_{i+1}} \cdots \sum_{x_d} f_{\boldsymbol{X}}(x_1, \ldots, x_d)$$
- 連続型の場合 (周辺確率密度関数)
$$f_{X_i}(x_i) = \int_{-\infty}^{\infty} \cdots \int_{-\infty}^{\infty} \int_{-\infty}^{\infty} \cdots \int_{-\infty}^{\infty} f_{\boldsymbol{X}}(x_1, \ldots, x_d) dx_1 \cdots dx_{i-1} dx_{i+1} \cdots dx_d$$

$X_i = x_i$ を与えたときの X_j の条件付き確率分布

$X_i = x_i$ を与えたときの X_j の**条件付き確率 (密度) 関数**は以下のように定義される．

- 離散型の場合 (条件付き確率関数)
$$f_{X_j|X_i}(x_j|x_i) = \frac{\mathrm{P}(X_i = x_i, X_j = x_j)}{\mathrm{P}(X_i = x_i)} = \frac{f_{X_i, X_j}(x_i, x_j)}{f_{X_i}(x_i)}$$
- 連続型の場合 (条件付き確率密度関数)
$$f_{X_j|X_i}(x_j|x_i) = \frac{f_{X_i, X_j}(x_i, x_j)}{f_{X_i}(x_i)}$$

確率変数の独立

X_i と X_j が互いに**独立**であるとは，すべての (x_i, x_j) で

が成り立つことである．つまり，$f_{X_i, X_j}(x_i, x_j) = f_{X_i}(x_i) f_{X_j}(x_j)$ が成り立つことである．

が成り立つとき，$X_1, \ldots, X_d$ は互いに独立であるという．

標本分布

統計解析でよく用いられる確率分布を挙げておく.

- **カイ二乗分布 (自由度 k)**

$Z_i\ (i=1,\ldots,k)$ はそれぞれ標準正規分布 $N(0,1)$ に従い, 互いに独立であるとする. $Y = \sum_{i=1}^{k} Z_i^2$ の確率密度関数は

$$f_Y(y) = \begin{cases} \dfrac{1}{2^{\frac{k}{2}}\Gamma(k/2)} y^{\frac{k}{2}-1} e^{-\frac{y}{2}} & (y>0) \\ 0 & (y \leq 0) \end{cases}$$

となる ($\Gamma(\cdot)$ はガンマ関数). このとき, Y は**自由度 k のカイ二乗分布**に従うといい, 記号では $Y \sim \chi_k^2$ で表す. 平均および分散は $\mathrm{E}(Y) = k$, $\mathrm{V}(Y) = 2k$, 積率母関数は $m_Y(t) = (1-2t)^{-\frac{k}{2}}$ である.

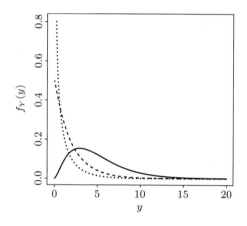

カイ二乗分布の確率密度関数 (点線：$k=1$, 破線：$k=2$, 実線：$k=5$)

カイ二乗分布の再生性 $Y_1 \sim \chi_{k_1}^2$, $Y_2 \sim \chi_{k_2}^2$, Y_1 と Y_2 が独立であるとき, $Y = Y_1 + Y_2 \sim \chi_{k_1+k_2}^2$ が成り立つ.

証明

- **t 分布 (自由度 k)**

  $Z \sim N(0,1), Y \sim \chi_k^2$, Z と Y は互いに独立であるとすると $T = Z/\sqrt{Y/k}$ の確率密度関数は

  $$f_T(t) = \frac{1}{\sqrt{k}B(k/2,1/2)}\left(1+\frac{t^2}{k}\right)^{-\frac{k+1}{2}} \quad (-\infty < t < \infty)$$

  となる ($B(\cdot,\cdot)$ はベータ関数). このとき, T は**自由度 k の t 分布に従う**といい, 記号では $T \sim t_k$ で表す. 平均および分散は $k > 2$ のとき, $\mathrm{E}(T) = 0$, $\mathrm{V}(T) = k/(k-2)$ である.

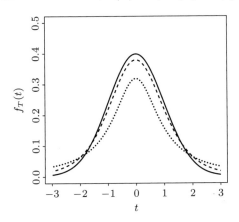

t 分布と正規分布の確率密度関数 (点線:$k=1$, 破線:$k=5$, 実線:$N(0,1)$)

- **F 分布 (自由度 k_1, k_2)**

  $Y_1 \sim \chi_{k_1}^2$, $Y_2 \sim \chi_{k_2}^2$, Y_1 と Y_2 は互いに独立であるとすると $X = \dfrac{Y_1/k_1}{Y_2/k_2}$ の確率密度関数は

  $$f_X(x) = \begin{cases} \dfrac{1}{B(k_1/2, k_2/2)}\left(\dfrac{k_1}{k_2}\right)^{\frac{k_1}{2}} x^{\frac{k_1}{2}-1}\left(1+\dfrac{k_1}{k_2}x\right)^{-\frac{k_1+k_2}{2}} & (x > 0) \\ 0 & (x \le 0) \end{cases}$$

  となる. このとき, X は**自由度 k_1, k_2 の F 分布に従う**といい, 記号では $X \sim F_{k_1,k_2}$ で表す. 平均および分散はそれぞれ $\mathrm{E}(X) = k_2/(k_2-2)$ $(k_2 > 2)$, $\mathrm{V}(X) = 2k_2^2(k_1+k_2-2)/\{k_1(k_2-2)^2(k_2-4)\}$ $(k_2 > 4)$ である.

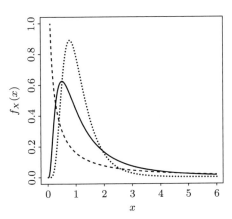

F 分布の確率密度関数 (点線:$(k_1,k_2)=(16,16)$, 破線:$(k_1,k_2)=(1,1)$, 実線:$(k_1,k_2)=(8,4)$)

上側 $100\alpha\%$ 点

確率変数 X の分布関数が $F_X(x)$ であるとき

を満たす x_α をその**確率分布の上側** $100\alpha\%$ **点**という．上側 $100\alpha\%$ 点のイメージは以下の通りである．

特に，以下の確率分布の上側 $100\alpha\%$ 点を記号でかく．本来，上側 $100\alpha\%$ 点の計算は複雑であるが，その計算を省略するために数表を用意しているので必要に応じて参照されたい．

確率分布	上側 $100\alpha\%$ 点	数表
標準正規分布	$z(\alpha)$	111 ページ
自由度 k のカイ二乗分布	$\chi_k^2(\alpha)$	112 ページ
自由度 k の t 分布	$t_k(\alpha)$	111 ページ
自由度 k_1, k_2 の F 分布	$F_{k_1, k_2}(\alpha)$	113〜115 ページ

Memo

1.2. 最尤推定法

母集団と標本

一般に**確率分布のパラメータは未知である**. そのため, 手元にあるデータから確率分布のパラメータを推定する必要がある. 通常は調査対象とする集団を**母集団**とし, その母集団から得られた**標本**を用いて, 母集団の確率分布 (**母集団分布**) のパラメータを推定する. ここでは, 以下の母集団から得られた**無作為標本**に基づくパラメータの推定法について学ぶ.

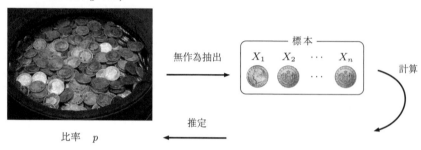

二項母集団における無作為標本と推定

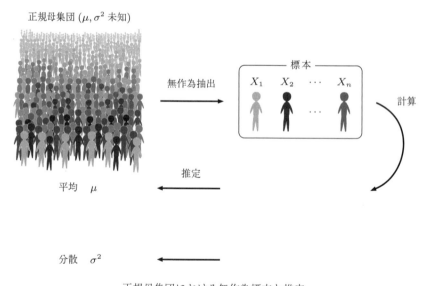

正規母集団における無作為標本と推定

ここで, 母集団から得られた無作為標本とは, すべての標本 $X_1, \ldots, X_n$ が互いに独立であり, 同一の母集団分布に従う標本である. したがって, $X_1, \ldots, X_n$ は以下を満たす.

-
-

最尤推定法

離散型確率分布 (確率関数 $f_X(x;\theta)$) から無作為標本 $X_1 = x_1, \ldots, X_n = x_n$ が得られているとする．このとき，$X_1 = x_1, \ldots, X_n = x_n$ が同時に観測される確率は

$$\mathrm{P}(X_1 = x_1, \ldots, X_n = x_n) =$$

となる．この確率を θ の関数として扱って**尤度関数**とよび，$L(\theta; x_1, \ldots, x_n)$ と表す．いま，実際に $X_1 = x_1, \ldots, X_n = x_n$ が観測されているので，**最尤推定法**では尤度関数を最大にする $\widehat{\theta}$ によって θ を推定する．

$\widehat{\theta}$ を求める際は，$L(\theta; x_1, \ldots, x_n)$ を最大化するよりも，対数変換した**対数尤度関数** $\log L(\theta; x_1, \ldots, x_n)$ の最大化を考える方が簡単である場合が多い[1]．

- **二項母集団の場合**

---

[1] 対数関数は狭義単調増加関数であるので，尤度関数を最大にする $\widehat{\theta}$ と対数尤度関数を最大にする $\widetilde{\theta}$ は一致する．

- **正規母集団の場合**

最尤推定量の性質

θ の最尤推定量 $\widehat{\theta}$ は, ある仮定[2] の下で以下の性質をもつ.

- **一致性** 以下の性質をもつ $\widehat{\theta}$ を θ の **一致推定量** という.

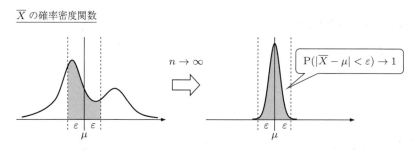

推定量の一致性

- **漸近正規性** $n \to \infty$ とすると, $\widehat{\theta}$ の確率分布は正規分布に分布収束する[3].

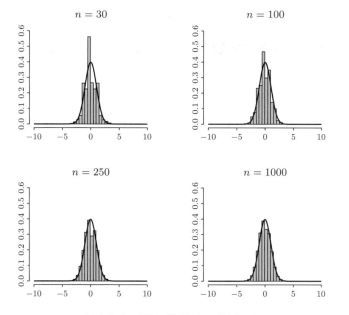

標本比率の漸近正規性 (二項母集団)

---

[2] 詳細は野田一雄・宮岡悦良,『数理統計学の基礎』(共立出版) を参照.
[3] 定義については『数理統計 講義ノート』を参照.

不偏推定量

一般に，推定量の平均が推定したいパラメータと一致する**不偏性**

を満たす推定量 $\widehat{\theta}$ を θ の**不偏推定量**という[4]．二項母集団における p の最尤推定量 (標本比率 $\widehat{p}$) や，正規母集団における μ の最尤推定量 (標本平均 $\overline{X}$) は不偏推定量である：

しかし，正規母集団における σ^2 の最尤推定量 (標本分散 S^2) は σ^2 の不偏推定量ではない．したがって，通常は σ^2 の最尤推定量の係数を修正した

が推定量として用いられる．不偏標本分散 U^2 は σ^2 の一致推定量かつ不偏推定量である．

---

[4] $\mathrm{E}(\widehat{\theta}) - \theta$ を $\widehat{\theta}$ の**偏り**という．偏りが 0 となる推定量であるので不偏推定量という

Memo

1.3. 2つの正規母集団における統計的推測

2つの正規母集団のパラメータに対する推定量 (分散共通)

2つの正規母集団 (分散共通) を仮定し，その母集団の平均に差があるか否かについて統計解析を行うことを考える．

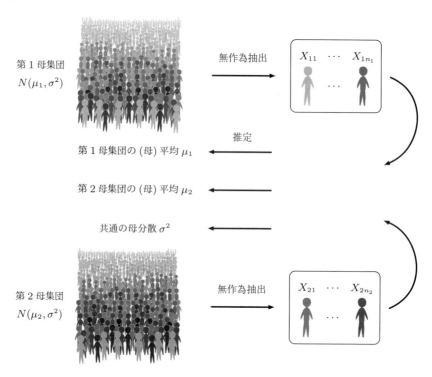

第1母集団 $N(\mu_1, \sigma^2)$ から無作為標本 $X_{11}, \ldots, X_{1n_1}$, 第2母集団 $N(\mu_2, \sigma^2)$ から無作為標本 $X_{21}, \ldots, X_{2n_2}$ が得られたとき，尤度関数は

$$L(\mu_1, \mu_2, \sigma^2) = \left\{\prod_{i=1}^{n_1} \frac{1}{\sqrt{2\pi\sigma^2}} \exp\left(-\frac{1}{2\sigma^2}(x_{1i}-\mu_1)^2\right)\right\}$$
$$\times \left\{\prod_{j=1}^{n_2} \frac{1}{\sqrt{2\pi\sigma^2}} \exp\left(-\frac{1}{2\sigma^2}(x_{2j}-\mu_2)^2\right)\right\}.$$

これに対し

を解けば，μ_1, μ_2, σ^2 の最尤推定量は

である $(n = n_1 + n_2)$. ただし，上記の併合標本分散は σ^2 の不偏推定量ではないので，**併合不偏標本分散**

を用いる．ここに $U_i^2 = \dfrac{1}{n_i - 1} \displaystyle\sum_{j=1}^{n_i} (X_{ij} - \overline{X}_i)^2$ である．

標本平均，併合不偏標本分散の確率分布

- **標本平均の分布**

    $\overline{X}_1 \sim N\left(\mu_1, \dfrac{\sigma^2}{n_1}\right)$, $\overline{X}_2 \sim N\left(\mu_2, \dfrac{\sigma^2}{n_2}\right)$, $\overline{X}_1$ と $\overline{X}_2$ は互いに独立であることから，$\overline{X}_1 - \overline{X}_2$ の確率分布は

- **併合不偏標本分散の確率分布**

$$Y_1 = \frac{(n_1-1)U_1^2}{\sigma^2} \sim \chi^2_{n_1-1},\ Y_2 = \frac{(n_2-1)U_2^2}{\sigma^2} \sim \chi^2_{n_2-1},\ U_1^2 \text{と} U_2^2 \text{は互いに独立であることから},\ Y = \frac{(n-2)U_{p\ell}^2}{\sigma^2} \text{の確率分布はカイ二乗分布の再生性 (6 ページ) より}$$

- **統計解析に用いる確率分布**

$$Z = \frac{\overline{X}_1 - \overline{X}_2 - (\mu_1 - \mu_2)}{\sqrt{\left(\frac{1}{n_1} + \frac{1}{n_2}\right)\sigma^2}} \sim N(0,1),\quad Y = \frac{(n-2)U_{p\ell}^2}{\sigma^2} \sim \chi^2_{n-2},$$

Z と Y は互いに独立であることから, t 分布の特性 (7 ページ) より

$$T = \frac{Z}{\sqrt{Y/n-2}} = \frac{\overline{X}_1 - \overline{X}_2 - (\mu_1 - \mu_2)}{\sqrt{\left(\frac{1}{n_1} + \frac{1}{n_2}\right)U_{p\ell}^2}} \sim t_{n-2}.$$

平均の差に対する仮説検定

ここでは平均の差の有無に関心があるので, 2 つの仮説を立てて, どちらが成り立っているかについて検証を行う方法を考える.

- **帰無仮説**

- **対立仮説**

一般に, このようなパラメータに関する仮説の検証を行うための統計解析法を**仮説検定**という.

$$\text{帰無仮説 } H_0 : \mu_1 = \mu_2 \text{が成立} \Rightarrow T = \frac{\overline{X}_1 - \overline{X}_2}{\sqrt{\left(\frac{1}{n_1} + \frac{1}{n_2}\right)U_{p\ell}^2}} \sim t_{n-2}$$

であるから, 以下のように統計的推測を行う:

よって, **検定統計量** T の実測値 t を用いて, 次の仮説検定を得る (有意水準 α: 帰無仮説が正しいときに帰無仮説を棄却してしまう確率):

統計解析用のソフトウェアの多くは検定統計量と上側パーセント点を比較せず, P 値の計算によって仮説検定の結果を出力することが多い. この場合, P 値は以下で表す $P(|T| \geq |t|)$ $(T \sim t_{n-2})$ の値であり

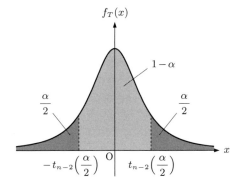

で仮説検定を行う.

平均の差に対する区間推定

t 分布の性質を用いると, $\mu_1 - \mu_2$ の差を区間で推定することも可能となる. $\mu_1 - \mu_2$ に対する $100(1-\alpha)\%$ **信頼区間**[5] は以下の通りである:

$$\left[\overline{x}_1 - \overline{x}_2 - t_{n-2}\left(\frac{\alpha}{2}\right) \cdot u_{p_\ell} \sqrt{\frac{1}{n_1} + \frac{1}{n_2}}, \ \overline{x}_1 - \overline{x}_2 + t_{n-2}\left(\frac{\alpha}{2}\right) \cdot u_{p_\ell} \sqrt{\frac{1}{n_1} + \frac{1}{n_2}} \right].$$

ここに, $\overline{x}_i$ は $\overline{X}_i$ の実測値, $U_{p_\ell} = \sqrt{U_{p_\ell}^2}$, u_{p_ℓ} は U_{p_ℓ} の実測値である.

---

[5] $1-\alpha$ を**信頼水準**という.

仮説検定の過誤

	H_0 を保留	H_0 を棄却
H_0 が真		第1種の過誤 (有意水準) α
H_0 が偽	第2種の過誤 β	検出力 $1-\beta$

信頼水準の意味

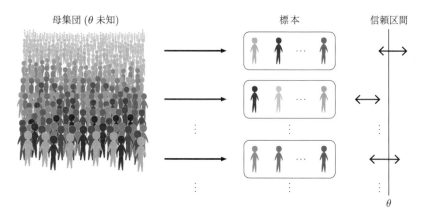

信頼水準の意味

平均の差に対する統計的推測法 (分散が異なる場合:参考)

2つの正規母集団の分散が異なる場合, 各母集団の分散はそれぞれの母集団から得られた標本によって推定する.

$$T^* = \frac{\overline{X}_1 - \overline{X}_2}{\sqrt{\dfrac{U_1^2}{n_1} + \dfrac{U_2^2}{n_2}}}, \quad \nu = \frac{\left(\dfrac{U_1^2}{n_1} + \dfrac{U_2^2}{n_2}\right)^2}{\dfrac{U_1^4}{n_1^2(n_1-1)} + \dfrac{U_2^4}{n_2^2(n_2-1)}}.$$

とし, T^* の実測値 t^*, ν の実測値を用いて, 平均の差に対する仮説検定および区間推定を行う.

- **仮説検定** (帰無仮説 H_0: $\mu_1 = \mu_2$ vs. 対立仮説 H_1: $\mu_1 \neq \mu_2$)

  $|t^*| > t_\nu(\alpha/2)$ のとき, H_0 を棄却する (その他の場合は H_0 を保留する).

- **区間推定** $\mu_1 - \mu_2$ に対する $100(1-\alpha)$% 近似信頼区間[6]:

$$\left[\overline{x}_1 - \overline{x}_2 - t_\nu\left(\frac{\alpha}{2}\right)\sqrt{\frac{u_1^2}{n_1} + \frac{u_2^2}{n_2}}, \ \overline{x}_1 - \overline{x}_2 + t_\nu\left(\frac{\alpha}{2}\right)\sqrt{\frac{u_1^2}{n_1} + \frac{u_2^2}{n_2}}\right].$$

---

[6] t分布による近似に基づくので "近似信頼区間" となる (信頼水準は正確に $1-\alpha$ ではない).

片側検定

2つの正規母集団の平均 μ_1, μ_2 に差があるか否かを考える際,事前に $\mu_1 \leq \mu_2$ であることがわかっている,あるいは $\mu_1 \geq \mu_2$ であることがわかっている場合,t 分布の上側または下側のみに棄却域を設けて仮説検定を行うことがある.このような仮説検定を**片側検定**[7]という (以下は平均の差に対する片側検定である).<u>片側検定は両側検定よりも検出力が高いが,想定しない対立仮説を棄却することはできないので</u>,検討を重ねた上でその使用を判断されたい.

例) 2つの正規母集団 $(\sigma_1^2 = \sigma_2^2)$ の平均の同等性検定の場合

$$T = \frac{\overline{X}_1 - \overline{X}_2}{\sqrt{\left(\frac{1}{n_1} + \frac{1}{n_2}\right) U_{p\ell}^2}}$$

の実測値を t とするとき

(i) **帰無仮説** $H_0 : \mu_1 = \mu_2$ vs. **対立仮説** $H_1 : \mu_1 < \mu_2$

$t < -t_{n-2}(\alpha)$ のとき,帰無仮説 H_0 を棄却する.

(ii) **帰無仮説** $H_0 : \mu_1 = \mu_2$ vs. **対立仮説** $H_1 : \mu_1 > \mu_2$

$t > t_{n-2}(\alpha)$ のとき,帰無仮説 H_0 を棄却する.

(i) の棄却域と P 値　　　　　　**(ii) の棄却域と P 値**

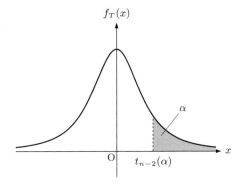

---

[7] これに対して,棄却域が確率分布の両側にある仮説検定を**両側検定**という.

分散の同等性検定

- 帰無仮説

- 対立仮説

$$\text{帰無仮説 } H_0: \sigma_1^2 = \sigma_2^2 \text{ が成立} \Rightarrow F = \frac{U_1^2}{U_2^2} \sim F_{n_1-1, n_2-1}$$

F の実測値 f を用いて, 以下の仮説検定を得る.

下側パーセント点の計算方法

$$F_{n_1-1, n_2-1}\left(1 - \frac{\alpha}{2}\right) = \frac{1}{F_{n_2-1, n_1-1}\left(\frac{\alpha}{2}\right)} \text{ を利用する}.$$

分散の比に対する信頼区間

σ_1^2/σ_2^2 に対する $100(1-\alpha)\%$ 信頼区間は以下のように構成される:

$$\left[\frac{u_1^2/u_2^2}{F_{n_1-1, n_2-1}(\alpha/2)}, \frac{u_1^2/u_2^2}{F_{n_1-1, n_2-1}(1-\alpha/2)}\right]$$

Memo

演習問題 (推測統計 (詳論) 編)

1.1.1. X をパラメータ p $(0 < p < 1)$ のベルヌーイ分布に従う確率変数とする. つまり, X の確率関数は

$$f_X(x) = \begin{cases} p^x(1-p)^{1-x} & (x = 0, 1) \\ 0 & (x \neq 0, 1) \end{cases}$$

である. このとき, 以下の問に答えよ.

(1) X の分布関数 $F_X(x)$ を求めよ.

(2) X の平均 $\mathrm{E}(X)$ を求めよ.

(3) X の分散 $\mathrm{V}(X)$ を求めよ.

(4) X の積率母関数 $m_X(t) = \mathrm{E}(e^{tX})$ を求めよ.

(5) 積率母関数 $m_X(t)$ を用いて, $\mathrm{E}(X), \mathrm{V}(X)$ をそれぞれ求めよ.

1.1.2. X をパラメータ μ, σ^2 の正規分布に従う確率変数とする. つまり, X の確率密度関数は

$$f_X(x) = \frac{1}{\sqrt{2\pi\sigma^2}} \exp\left[-\frac{1}{2\sigma^2}(x-\mu)^2\right] \quad (-\infty < x < \infty)$$

である. このとき, 以下の問に答えよ.

(1) X の積率母関数 $m_X(t) = \mathrm{E}(e^{tX})$ を求めよ.

(2) X の平均 $\mathrm{E}(X)$ を求めよ.

(3) X の分散 $\mathrm{V}(X)$ を求めよ.

1.1.3. $Y_1 \sim \chi^2_{k_1}$, $Y_2 \sim \chi^2_{k_2}$, Y_1 と Y_2 は互いに独立であるとする. このとき, $Y = Y_1 + Y_2 \sim \chi^2_{k_1+k_2}$ を示せ (**カイ二乗分布の再生性**).

1.1.4. X の確率密度関数を

$$f_X(x) = \begin{cases} 2e^{-2x} & (x > 0) \\ 0 & (x \leq 0) \end{cases}$$

とする. このとき, 以下の問に答えよ.

(1) X の分布関数を求めよ.

(2) X の平均 $\mathrm{E}(X)$ を求めよ.

(3) X の確率分布の上側 10% 点を小数第 3 位まで求めよ.

(4) X の確率分布の上側 5% 点を小数第 3 位まで求めよ.

(5) X の確率分布の上側 1% 点を小数第 3 位まで求めよ.

1.2.1. $X_1, \ldots, X_n$ を二項母集団から得られた無作為標本とする. すなわち, X_i の確率関数は

$$f_{X_i}(x_i; p) = \begin{cases} p^{x_i}(1-p)^{1-x_i} & (x_i = 0, 1) \\ 0 & (x_i \neq 0, 1) \end{cases}$$

であり, $X_1, \ldots, X_n$ は互いに独立であるとする. 以下の問に答えよ.

(1) 尤度関数を $p, x_1, \ldots, x_n$ を用いてかけ.

(2) p の最尤推定量 $\hat{p}$ を求めよ.

(3) 最尤推定量 $\widehat{p}$ で尤度関数が最大となることを示せ.

1.2.2. $X_1,\ldots,X_n$ を正規母集団から得られた無作為標本とする. すなわち, X_i の確率密度関数は
$$f_{X_i}(x_i;\mu,\sigma^2) = \frac{1}{\sqrt{2\pi\sigma^2}}\exp\left[-\frac{1}{2\sigma^2}(x_i-\mu)^2\right] \; (-\infty < x_i < \infty)$$
であり, $X_1,\ldots,X_n$ は互いに独立であるとする. 以下の問に答えよ.

(1) 尤度関数を $\mu,\sigma^2,x_1,\ldots,x_n$ を用いてかけ.
(2) μ,σ^2 の最尤推定量 $\widehat{\mu},\widehat{\sigma}^2$ をそれぞれ求めよ.
(3) 最尤推定量 $(\widehat{\mu},\widehat{\sigma}^2)$ で尤度関数が最大となることを示せ[8].

1.2.3. ある母集団から得られた無作為標本 $X_1,\ldots,X_n$ の母集団分布は以下の確率密度関数
$$f_{X_i}(x_i;c) = \begin{cases} ce^{-cx_i} & (x_i > 0) \\ 0 & (x_i \le 0) \end{cases}$$
をもつとする. ただし, $c > 0$ とする. 以下の問に答えよ.

(1) 尤度関数を $c,x_1,\ldots,x_n$ を用いてかけ.
(2) c の最尤推定量 $\widehat{c}$ を求めよ.
(3) 最尤推定量 $\widehat{c}$ で尤度関数が最大となることを示せ.

1.2.4. 推定量の性質に関する以下の問に答えよ.

(1) 一致推定量の定義を述べよ.
(2) 不偏推定量の定義を述べよ.
(3) 最尤推定量の定義と性質を述べよ.

1.3.1. $X_{11},\ldots,X_{1n_1}$ を母集団分布が $N(\mu_1,\sigma^2)$ の正規母集団から得られた無作為標本, $X_{21},\ldots,X_{2n_2}$ を母集団分布が $N(\mu_2,\sigma^2)$ の正規母集団から得られた無作為標本とする. 以下の問に答えよ.

(1) μ_1,μ_2,σ^2 の最尤推定量をそれぞれ求めよ.
(2) $i=1,2$ に対し, 標本平均
$$\overline{X}_i = \frac{1}{n_i}\sum_{j=1}^{n_i} X_{ij} \; (i=1,2)$$
が $N\left(\mu_i,\dfrac{\sigma^2}{n_i}\right)$ に従うことを示せ.
(3) $\overline{X}_1 - \overline{X}_2$ の確率分布を求めよ.
(4) $i=1,2$ に対し, 不偏標本分散
$$U_i^2 = \frac{1}{n_i-1}\sum_{j=1}^{n_i}(X_{ij}-\overline{X}_i)^2$$
を定義する. $(n_1-1)U_1^2/\sigma^2 \sim \chi^2_{n_1-1}$, $(n_2-1)U_2^2/\sigma^2 \sim \chi^2_{n_2-1}$ であること, および 1.1.3. を用いて
$$\frac{(n-2)U_{p\ell}^2}{\sigma^2} \sim \chi^2_{n-2}$$

---

[8] 尤度関数が唯一つの極値をもち, それが極大値であることを示せばよい.

を示せ.ただし

$$U_{p\ell}^2 = \frac{1}{n-2}\sum_{i=1}^{2}\sum_{j=1}^{n_i}(X_{ij}-\overline{X}_i)^2 \quad (n=n_1+n_2)$$

とする.

(5) (3), (4), $\overline{X}_i$ と U_i^2 が独立であることから

$$T = \frac{\overline{X}_1 - \overline{X}_2 - (\mu_1 - \mu_2)}{\sqrt{\left(\frac{1}{n_1}+\frac{1}{n_2}\right)U_{p\ell}^2}} \sim t_{n-2}$$

を示せ.

(6) (5) を用いて, $\mu_1 - \mu_2$ に対する $100(1-\alpha)\%$ 信頼区間を導け.

1.3.2. $X_{11}, \ldots, X_{1n_1}$ を母集団分布が $N(\mu_1, \sigma_1^2)$ の正規母集団から得られた無作為標本, $X_{21}, \ldots, X_{2n_2}$ を母集団分布が $N(\mu_2, \sigma_2^2)$ の正規母集団から得られた無作為標本とする.

(1) $\mu_1, \mu_2, \sigma_1^2, \sigma_2^2$ の最尤推定量をそれぞれ求めよ.

(2) $(n_1-1)U_1^2/\sigma_1^2 \sim \chi_{n_1-1}^2$, $(n_2-1)U_2^2/\sigma_2^2 \sim \chi_{n_2-1}^2$ であることを用いて, σ_1^2/σ_2^2 に対する $100(1-\alpha)\%$ 信頼区間を導け (U_1^2, U_2^2 の定義については 1.3.1. を参照).

1.3.3. あやめのがく片の長さのデータが得られている.セトナ種を第 1 母集団, バージニカ種を第 2 母集団として, 以下の問に答えよ.

セトナ種		バージニカ種	
No.	がく片の長さ	No.	がく片の長さ
1	5.0	1	6.5
2	4.6	2	6.2
3	4.6	3	5.9
4	5.1	4	6.1
5	5.5	5	6.0
6	4.8	6	5.6
7	5.2	7	5.7
8	4.9	8	6.3
		9	7.0
		10	6.4

(1) 各種のがく片の長さのデータにおける標本平均を求めよ.また, 不偏標本分散を小数第 4 位まで求めよ.

(2) 各種のがく片の長さのデータにおける併合不偏標本分散を小数第 4 位まで求めよ.

(3) 各種のがく片の長さの分散の同等性について仮説検定せよ (検定統計量を小数第 3 位まで求めること. 有意水準は 0.05 とする.).

(4) 各種のがく片の長さの分散の比に対する信頼区間 (信頼水準 0.90, 0.95, 0.99) を小数第 3 位まで求めよ.

(5) (3) の結果を踏まえて, 各種のがく片の長さの平均の同等性について両側仮説検定せよ (検定統計量を小数第 3 位まで求めること. 有意水準は 0.01 とする.).

(6) (3) の結果を踏まえて, 各種のがく片の長さの平均の同等性について以下の場合の片側仮説

検定せよ (有意水準は 0.05 とする．)．
 (i) がく片の長さについて, 対立仮説を "セトナ種の母平均よりもバージニカ種の母平均の方が大きい" とした場合．
 (ii) がく片の長さについて, 対立仮説を "バージニカ種の母平均よりもセトナ種の母平均の方が大きい" とした場合．

(7) (3) の結果を踏まえて, がく片の平均の差に対する信頼区間 (信頼水準 0.90, 0.95, 0.99) を小数第 3 位まで求めよ.

2. 分散分析編

2.1. 1元配置分散分析

1元配置分散分析

あるクラスごとの 50 m 走のタイムを計測したデータがある．このとき，クラスの差による効果の有無に関心があるとする．

クラス		標本平均
A_1	8.73 8.28 8.44 8.50	8.4875
A_2	7.92 8.19 8.31 7.84	8.0650
A_3	8.12 8.49 8.21 7.75	8.1425

このとき，効果の有無を検討する要因を**因子**といい，その効果を調べるための条件を**水準**という．水準の差による因子の効果をその因子の**主効果**という．このような効果の有無について仮説検定を行う統計的手法として**分散分析**が知られている．

ここでは上記のように因子が1つの場合の **1元配置分散分析** を考える．各水準における標本の大きさは等しいとする．以後，最初の例をより一般的に考え，水準は a 個あるとする．データは各水準ごとランダムに n 個得られているとする．記号は以下のようにかくことにする．

因子 A		標本平均
A_1	$X_{11}\ X_{12}\ \cdots\ X_{1n}$	$\overline{X}_{1\cdot}$
$\vdots$	$\vdots$	$\vdots$
A_a	$X_{a1}\ X_{a2}\ \cdots\ X_{an}$	$\overline{X}_{a\cdot}$

データの仮定と仮説

ただし，$\overset{i.i.d.}{\sim}$ は互いに独立に同一の分布に従うことを指す．また，主効果 γ_i に関する制約条件として $\sum_{i=1}^{a} \gamma_i = 0$ を課す．1元配置分散分析は，主効果の有無

- 帰無仮説

- 対立仮説

に対する仮説検定を主とした分析手法であり，**平方和**を用いてこれを行う．決して<u>分散に関する検定手法ではない</u>ことに注意する．

標本平均

因子 A		標本平均
A_1	$X_{11}\ X_{12}\ \cdots\ X_{1n}$	$\overline{X}_{1\cdot}$
$\vdots$	$\vdots$	$\vdots$
A_a	$X_{a1}\ X_{a2}\ \cdots\ X_{an}$	$\overline{X}_{a\cdot}$

- 水準 A_i ごとの標本平均

- 全標本平均

各種平方和の定義

因子 A		標本平均
A_1	$X_{11}\ X_{12}\ \cdots\ X_{1n}$	$\overline{X}_{1\cdot}$
$\vdots$	$\vdots$	$\vdots$
A_a	$X_{a1}\ X_{a2}\ \cdots\ X_{an}$	$\overline{X}_{a\cdot}$

以下の各種ばらつきを表す平方和を定義する．ここで

$$\phi_A = a-1,\ \ \phi_E = \phi_T - \phi_A = a(n-1),\ \ \phi_T = an-1$$

とする．

32   2. 分散分析編

- 各データ X_{ij} の総平均 $\overline{X}_{..}$ に対するばらつき (総平方和)

- 各水準の標本平均 $\overline{X}_{i.}$ の総平均 $\overline{X}_{..}$ に対するばらつき (**A 間平方和**)

- 各水準内のデータのばらつきの総和 (残差平方和)

<u>平方和に関する重要な関係</u>

ということは

ことを意味する.

<u>主効果の有無に関する検定 (有意水準 α)</u>

$$H_0^{(A)}: \gamma_1 = \cdots = \gamma_a = 0 \quad \text{vs.} \quad H_1^{(A)}: 少なくとも一つの i において \quad \gamma_i \neq 0$$

このとき,この仮説に対する検定は V_A の実測値 v_A, V_E の実測値 v_E を用いて

という方式で与えられる.

P 値

$H_0^{(A)}: \gamma_1 = \cdots = \gamma_a = 0$ を保留するための条件に対する別表現を考える.

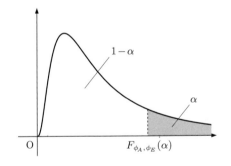 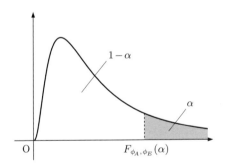

$\mathrm{P}(F \geq f)\ (F \sim F_{\phi_A, \phi_E})$ の値をこの仮説検定の **P 値**という[1].

---

[1] 統計解析用のソフトウェアでは P 値によって仮説検定の結果を示すことが多い.

分散分析表

Rなどの統計解析ソフトでは，これらの結果を分かりやすく表示するために，以下の**分散分析表**を出力することが多い．

	自由度	平方和	平均平方	検定統計量
A間				
残差				
全体				

Memo

2.2. 2元配置分散分析 (1)

30 ページのデータについて, クラスの因子 (水準は A_1, A_2, A_3) の他, 指導法の因子 (水準は B_1, B_2) を加えたデータがある.

クラス＼指導法	B_1	B_2	標本平均
A_1	8.28 8.44	8.73 8.50	8.4875
A_2	7.84 7.92	8.19 8.31	8.0650
A_3	8.21 7.75	8.12 8.49	8.1425
標本平均	8.0733	8.3900	

この場合, 因子は 2 種類あるため, クラス A_i によるタイムへの効果 ("クラス" の**主効果**), 指導法 B_j によるタイムへの効果 ("指導法" の**主効果**), クラス A_i と指導法 B_j が重ね合わさって得られるタイムへの効果 ("クラス" と "指導法" の**交互作用効果**) の有無に関心がある.

上記のように, 因子が 2 つの場合の分散分析 (**2 元配置分散分析**) を考える. 各水準における標本の大きさは 1 元配置分散分析と同様, 等しいとする. 最初の例をより一般的に考え, 2 つの因子において水準はそれぞれ a 個, b 個あるとする. データは各水準ごとランダムに n 個得られているとする. 記号は以下のようにかくことにする. つまり, 水準 $A_i B_j$ の k 番目の標本を X_{ijk} とかく.

因子A＼因子B	B_1	$\cdots$	B_b	標本平均
A_1	$X_{111}\ X_{112}\ \cdots\ X_{11n}$	$\cdots$	$X_{1b1}\ X_{1b2}\ \cdots\ X_{1bn}$	$\overline{X}_{1\cdot\cdot}$
$\vdots$	$\vdots$	$\vdots$	$\vdots$	$\vdots$
A_a	$X_{a11}\ X_{a12}\ \cdots\ X_{a1n}$	$\cdots$	$X_{ab1}\ X_{ab2}\ \cdots\ X_{abn}$	$\overline{X}_{a\cdot\cdot}$
標本平均	$\overline{X}_{\cdot 1 \cdot}$	$\cdots$	$\overline{X}_{\cdot b \cdot}$	

データの仮定と仮説

ただし, 主効果 γ_i, δ_j, 交互作用効果 ε_{ij} に関する制約条件として

$$\sum_{i=1}^{a} \gamma_i = \sum_{j=1}^{b} \delta_j = \sum_{i=1}^{a} \varepsilon_{ij} = \sum_{j=1}^{b} \varepsilon_{ij} = 0$$

を課す. 2 元配置分散分析は, 主効果, 交互作用効果の有無に対する仮説

- 因子 A の主効果の有無に関する仮説

  – 帰無仮説

  – 対立仮説

- 因子 B の主効果の有無に関する仮説

  – 帰無仮説

  – 対立仮説

- 因子 A と因子 B の交互作用効果の有無に関する仮説

  – 帰無仮説

  – 対立仮説

に対する検定を主とした分析手法である.

標本平均

因子 A \ 因子 B	B_1	$\cdots$	B_b	標本平均
A_1	$X_{111}\ X_{112}\ \cdots\ X_{11n}$	$\cdots$	$X_{1b1}\ X_{1b2}\ \cdots\ X_{1bn}$	$\overline{X}_{1..}$
$\vdots$	$\vdots$	$\vdots$	$\vdots$	$\vdots$
A_a	$X_{a11}\ X_{a12}\ \cdots\ X_{a1n}$	$\cdots$	$X_{ab1}\ X_{ab2}\ \cdots\ X_{abn}$	$\overline{X}_{a..}$
標本平均	$\overline{X}_{.1.}$	$\cdots$	$\overline{X}_{.b.}$	

- 水準 A_i ごとの標本平均

- 水準 B_j ごとの標本平均

- 水準 $A_i B_j$ の標本平均

- 全標本平均

各種平方和の定義

因子A \ 因子B	B_1	$\cdots$	B_b	標本平均
A_1	$X_{111}\ X_{112}\ \cdots\ X_{11n}$	$\cdots$	$X_{1b1}\ X_{1b2}\ \cdots\ X_{1bn}$	$\overline{X}_{1\cdot\cdot}$
$\vdots$	$\vdots$	$\vdots$	$\vdots$	$\vdots$
A_a	$X_{a11}\ X_{a12}\ \cdots\ X_{a1n}$	$\cdots$	$X_{ab1}\ X_{ab2}\ \cdots\ X_{abn}$	$\overline{X}_{a\cdot\cdot}$
標本平均	$\overline{X}_{\cdot 1\cdot}$	$\cdots$	$\overline{X}_{\cdot b\cdot}$	

以下の各種ばらつきを表す平方和を定義する.

- **各データ X_{ijk} の総平均 $\overline{X}_{\cdots}$ に対するバラつき** (総平方和)

- **各水準 A_i の標本平均 $\overline{X}_{i\cdot\cdot}$ の総平均 $\overline{X}_{\cdots}$ に対するバラつき** (**A** 間平方和)

- **各水準 B_j の標本平均 $\overline{X}_{\cdot j\cdot}$ の総平均 $\overline{X}_{\cdots}$ に対するバラつき** (**B** 間平方和)

- **各水準 A_iB_j 内のデータのバラつきの総和** (残差平方和)

- V_A, V_B, V_E **では説明できない交互作用効果によるバラつき** (**A**×**B** 間平方和)

平方和に関する重要な関係

主効果及び交互作用効果の有無に関する検定　（有意水準 α）

- $H_0^{(A)} : \gamma_1 = \cdots = \gamma_a = 0$　vs.　$H_1^{(A)}$: 少なくとも一つの i において $\gamma_i \neq 0$

- $H_0^{(B)} : \delta_1 = \cdots = \delta_b = 0$　vs.　$H_1^{(B)}$: 少なくとも一つの j において $\delta_j \neq 0$

- $H_0^{(A \times B)} : \varepsilon_{11} = \cdots = \varepsilon_{ab} = 0$　vs.　$H_1^{(A \times B)}$: 少なくとも一組の (i,j) で $\varepsilon_{ij} \neq 0$

ただし，v_A は V_A の実測値，v_B は V_B の実測値，$v_{A \times B}$ は $V_{A \times B}$ の実測値，$\phi_A = a-1$，$\phi_B = b-1$，$\phi_{A \times B} = (a-1)(b-1)$，$\phi_E = ab(n-1)$，$\phi_T = abn - 1$ である．

P 値

各々の仮説検定における P 値の定義については, 1 元配置分散分析の場合と同様である (33 ページ参照).

分散分析表

2 元配置分散分析の場合の**分散分析表**は以下の通りである.

	自由度	平方和	平均平方	検定統計量
A 間				
B 間				
A×B 間				
残差				
全体				

Memo

2.3. 2元配置分散分析 (2)

交互作用効果がない場合の2元配置分散分析

交互作用効果を仮定した2元配置分散分析において交互作用効果が認められなかった場合, データに対し, 交互作用を考慮しない以下の構造を想定することとなる.

これに従うと, 平方和の構造も以下のようになる.
$$V_T = V_A + V_B + V_{A \times B} + V_E =$$
改めて $V_{A \times B} + V_E$ を残差平方和 $\widetilde{V}_E$ とした上で, 分散分析を再実行する. これに伴い, 残差平方和の自由度, 平均平方も

となる $(\phi_A = a-1,\ \phi_B = b-1,\ \phi_T = abn-1,\ \widetilde{\phi}_E = \phi_T - (\phi_A + \phi_B))$.

主効果の有無に関する検定 (交互作用効果なし, 有意水準 α)

- $H_0^{(A)} : \gamma_1 = \cdots = \gamma_a = 0$ vs. $H_1^{(A)} :$ 少なくとも一つの i において $\gamma_i \neq 0$

- $H_0^{(B)}: \delta_1 = \cdots = \delta_b = 0$ vs. $H_1^{(B)}:$ 少なくとも一つの j において $\delta_j \neq 0$

P 値

各々の仮説検定における P 値の定義については, 1 元配置分散分析の場合と同様である (33 ページ参照).

分散分析表 (2 元配置分散分析, 交互作用効果なし)

2 元配置分散分析 (交互作用効果なし) の場合の**分散分析表**は以下の通りである.

	自由度	平方和	平均平方	検定統計量
A 間				
B 間				
残差				
全体				

Memo

演習問題 (分散分析編)

2.1.1. 以下のデータにおける 1 元配置分散分析を考える.

因子 A		標本平均
A_1	$X_{11}\ X_{12}\ \cdots\ X_{1n}$	$\overline{X}_{1\cdot}$
$\vdots$	$\vdots$	$\vdots$
A_a	$X_{a1}\ X_{a2}\ \cdots\ X_{an}$	$\overline{X}_{a\cdot}$

このとき, 総平方和が A 間平方和と残差平方和の和でかけることを示せ. なお, 総平方和, A 間平方和, 残差平方和はそれぞれ

$$V_T = \sum_{i=1}^{a}\sum_{j=1}^{n}(X_{ij}-\overline{X}_{\cdot\cdot})^2,$$

$$V_A = n\sum_{i=1}^{a}(\overline{X}_{i\cdot}-\overline{X}_{\cdot\cdot})^2, \quad V_E = \sum_{i=1}^{a}\sum_{j=1}^{n}(X_{ij}-\overline{X}_{i\cdot})^2,$$

$$\overline{X}_{\cdot\cdot} = \frac{1}{an}\sum_{i=1}^{a}\sum_{j=1}^{n}X_{ij}, \quad \overline{X}_{i\cdot} = \frac{1}{n}\sum_{j=1}^{n}X_{ij}$$

である.

2.1.2. 以下は各部活動に所属する生徒の身長のデータがある. 身長のデータについて, 以下の問に答えよ.

部活動		標本平均
A_1	168 165 165	166
A_2	182 168 172	174
A_3	167 159 175	167

(1) A 間平方和を求めよ.

(2) 残差平方和を求めよ.

(3) 部活動の主効果の有無に関する検定統計量を小数第 3 位まで求め, 仮説検定せよ (有意水準 0.05).

(4) 分散分析表を作成せよ.

2.2.1. 以下は薬品 A と薬品 B を混合させて得られた合金の強度のデータである. 以下の問に答えよ (各統計量は小数第 3 位まで求めること. 各仮説検定の有意水準は 0.05 とする.). なお, 総平均, 総平方和はそれぞれ 134.833, 3011.333 である.

薬A＼薬B	B_1	B_2	B_3	標本平均
A_1	127 125 123 126	123 126 124 119	121 125 122 124	123.75
A_2	147 146 147 146	145 146 145 146	145 146 146 146	145.9167
標本平均	135.875	134.25	134.375	

(1) A 間平方和を求めよ.

(2) B 間平方和を求めよ.

(3) A×B 間平方和を求めよ．

(4) 残差平方和を求めよ．

(5) 薬品 A の主効果の有無について仮説検定せよ．

(6) 薬品 B の主効果の有無について仮説検定せよ．

(7) 薬品 A, B の交互作用効果の有無について仮説検定し，交互作用効果が認められないことを確認せよ．

(8) (1)～(7) の結果をまとめた分散分析表を作成せよ．

2.3.1. 2.2.1. のデータについて，次の問に答えよ．(各統計量は小数第 3 位まで求めること．各仮説検定の有意水準は 0.05 とする．).

(1) 交互作用効果が無い場合の分散分析表を作成せよ．

(2) 薬品 A の主効果の有無について仮説検定せよ．

(3) 薬品 B の主効果の有無について仮説検定せよ．

3. 相関・回帰編

3.1. 最小2乗法

2次元データ

同じ観測対象から得られたデータは，1つだけであるとは限らない．その例として，以下のような英語・国語の試験の成績データが挙げられる．以後，2次元データを統計的に要約する方法を学ぶ．

No.	英語	国語	No.	英語	国語
1	83	55	11	42	64
2	80	42	12	38	15
3	48	32	13	52	73
4	68	71	14	80	71
5	70	67	15	52	32
6	45	60	16	78	68
7	72	63	17	32	42
8	28	51	18	60	55
9	51	49	19	54	62
10	32	51	20	49	31

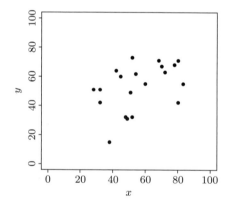

英語と国語の成績データの散布図

上記の図の x 軸は英語の成績データ，y 軸は国語の成績データを表す．**散布図**のプロットは右肩上がりの状況であることから，英語の成績データが良い生徒は，国語の成績データも良い傾向にあることがわかる．

標本共分散

上記の "2変数の関係の強さ" を表す指標として，**標本共分散**が挙げられる．2次元データ $(x_1, y_1), \ldots, (x_n, y_n)$ が得られ，それぞれのデータの標本平均を $\bar{x}, \bar{y}$ とすると，2変数 (x, y) の標本

共分散は

$$s_{xy} =$$

と定義されるが, 実際は**不偏標本共分散** $u_{xy} = \dfrac{1}{n-1}\sum_{i=1}^{n}(x_i - \overline{x})(y_i - \overline{y})$ が用いられることが多い.

標本共分散の意味

標本相関係数

単位によらず比較できるようにするため, データに標準化を行った後, 標本共分散を求めた値を**標本相関係数**という.

$$r_{xy} =$$

ここで

$$u_x^2 = \frac{1}{n-1}\sum_{i=1}^{n}(x_i - \overline{x})^2, \quad u_y^2 = \frac{1}{n-1}\sum_{i=1}^{n}(y_i - \overline{y})^2$$

はそれぞれ x, y の不偏標本分散, u_{xy} は x と y の不偏標本共分散である. 測定値の単位によらず, 標本相関係数 r_{xy} は $-1 \leq r_{xy} \leq 1$ である.

散布図と標本相関係数の関係

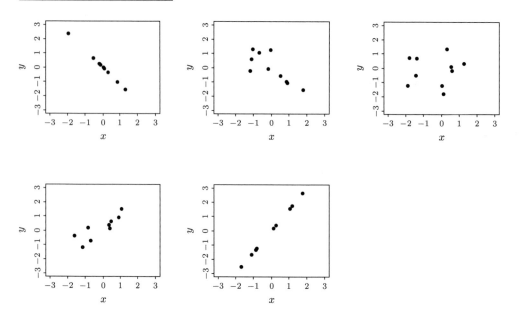

擬似相関

2 変数には強い相関があるものの，その 2 変数の相関関係が単なる見かけ上のものである場合，その相関を**擬似相関**とよぶことがある．

例) "海水浴場におけるアイスクリームの売上" と "クラゲに刺された海水浴客数" の相関関係

標本回帰直線

これまで 2 変数の関係について調べてきたが，この関係を利用すれば x の値から y の値を推測する式を求めることも出来そうである．データから x と y の関係を

$$y = \beta_0 + \beta_1 x$$

で表した直線を**標本回帰直線**という．ここで，x によって表される y を**従属変数 (目的変数)**，y を表すために用いられる変数 x を**独立変数 (説明変数)** という．

もちろん，実際のデータが $y = \beta_0 + \beta_1 x$ の直線上にすべて存在するような β_0 と β_1 は通常求められ

ないので, 直線上の y 座標と実際のデータの y 座標の誤差平方和 (残差平方和) を最小にするような β_0 と β_1 を求める (**最小 2 乗法**).

最小 2 乗法

$(x_1, y_1), \ldots, (x_n, y_n)$ が得られているとき, y_i と x_i の関係は誤差項 (**残差**)e_i を含んだ形で
$$y_i = \beta_0 + \beta_1 x_i + e_i \quad (i = 1, \ldots, n)$$
と表されるとする. このとき, **残差平方和**
$$Q(\beta_0, \beta_1) = \sum_{i=1}^n e_i^2 = \sum_{i=1}^n \{y_i - (\beta_0 + \beta_1 x_i)\}^2$$
を最小にするような $\widehat{\beta}_0$ と $\widehat{\beta}_1$ を求める.

残差平方和

方針: $\dfrac{\partial Q(\beta_0, \beta_1)}{\partial \beta_0} = 0, \ \dfrac{\partial Q(\beta_0, \beta_1)}{\partial \beta_1} = 0$ をともに満たす解 $\widehat{\beta}_0, \widehat{\beta}_1$ を求める.

(続き)

Memo

準備 (確率変数ベクトルの確率分布・積率)

結合確率密度関数

$X_1,\ldots,X_d,Y$ がいずれも連続型確率変数であるとき, $(\boldsymbol{X}',Y)'$ ($\boldsymbol{X}=(X_1,\ldots,X_d)'$) の**結合確率密度関数**は

$$f_{\boldsymbol{X},Y}(x_1,\ldots,x_d,y)$$

の形式となる. 以後, 単に $f_{\boldsymbol{X},Y}(\boldsymbol{x},y)$ とかく.

周辺確率密度関数

結合確率密度関数 $f_{\boldsymbol{X},Y}(x_1,\ldots,x_d,y)$ から, $\boldsymbol{X}=(X_1,\ldots,X_d)'$ の**周辺確率密度関数**は

$$f_{\boldsymbol{X}}(\boldsymbol{x}) = \int_{-\infty}^{\infty} f_{\boldsymbol{X},Y}(\boldsymbol{x},y)dy$$

で与えられる.

$\boldsymbol{X}=\boldsymbol{x}$ を与えたときの Y の条件付き確率密度関数

$(\boldsymbol{X}',Y)'$ の結合確率密度関数 $f_{\boldsymbol{X},Y}(\boldsymbol{x},y)$ と $\boldsymbol{X}$ の周辺確率密度関数 $f_{\boldsymbol{X}}(\boldsymbol{x}) \neq 0$ が得られているとき, **$\boldsymbol{X}=\boldsymbol{x}$ を与えたときの Y の条件付き確率密度関数**は

$$f_{Y|\boldsymbol{X}}(y|\boldsymbol{x}) = \frac{f_{\boldsymbol{X},Y}(\boldsymbol{x},y)}{f_{\boldsymbol{X}}(\boldsymbol{x})}$$

で与えられる.

平均ベクトルと分散共分散行列

d 次元確率変数ベクトル $\boldsymbol{X}=(X_1,\ldots,X_d)'$ を考える. このとき, **平均ベクトル** $\boldsymbol{\mu}$ と**分散共分散行列** Σ は以下の通り定義される:

$$\boldsymbol{\mu} = \begin{pmatrix} \mu_1 \\ \vdots \\ \mu_d \end{pmatrix}, \quad \Sigma = \begin{pmatrix} \sigma_{11} & \sigma_{12} & \cdots & \sigma_{1d} \\ \sigma_{21} & \sigma_{22} & \cdots & \sigma_{2d} \\ \vdots & \vdots & \ddots & \vdots \\ \sigma_{d1} & \sigma_{d2} & \cdots & \sigma_{dd} \end{pmatrix}$$

である. ここに, $\mu_i = \mathrm{E}(X_i)$, $\sigma_{ii} = \mathrm{E}[(X_i-\mu_i)^2] = \mathrm{V}(X_i)$, $i \neq j$ において

$$\begin{aligned}
\sigma_{ij} &= \mathrm{Cov}(X_i,X_j) \\
&= \mathrm{E}[(X_i-\mu_i)(X_j-\mu_j)] \\
&= \int_{-\infty}^{\infty}\int_{-\infty}^{\infty}(x_i-\mu_i)(x_j-\mu_j)f_{X_i,X_j}(x_i,x_j)dx_idx_j \\
&= \sigma_{ji}
\end{aligned}$$

である. したがって, 分散共分散行列 Σ は対称行列である.

3.2. 母相関係数と母回帰曲線

母相関係数と母回帰曲線

標本回帰直線は固定のデータセット $(x_1, y_1), \ldots, (x_n, y_n)$ の各点のより近くを通るような直線であり，別のデータセットが得られれば標本回帰直線はまた異なる．ここでは，確率変数ベクトル (X, Y) に母集団分布を仮定し，母集団における相関係数 (**母相関係数**) と回帰曲線[1] (**母回帰曲線**) を定義する．

- **母相関係数**

  (X, Y) の共分散 σ_{XY}，X の分散 σ_X^2，Y の分散 σ_Y^2 を用いて，(X, Y) の**母相関係数** ρ_{XY} は

  で定義される．

- **母回帰曲線**

  母回帰曲線は $X = x$ を与えたときの Y の条件付き平均：

  で定義される．

2変量正規分布

母相関係数や母回帰直線に対する統計解析法は，確率変数ベクトル (X, Y) がともに正規分布に従う仮定の下で得られている．2個の確率変数がそれぞれ正規分布に従う場合の (X, Y) の結合分布を **2変量正規分布**という．

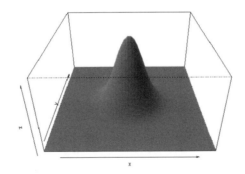

2変量正規分布の確率密度関数 (平均ベクトル $\mathbf{0}_2$, 分散共分散行列 $\Sigma = I_2$ (2次元の単位行列))

---

[1] 母集団分布によっては直線とならない場合がある．そのため，曲線とよぶことにする．

2変量正規母集団の場合の母回帰直線

確率変数ベクトル $(X, Y)'$ が平均ベクトル,分散共分散行列

$$\boldsymbol{\mu} = \begin{pmatrix} \mu_X \\ \mu_Y \end{pmatrix}, \quad \Sigma = \begin{pmatrix} \sigma_X^2 & \sigma_{XY} \\ \sigma_{XY} & \sigma_Y^2 \end{pmatrix}$$

をパラメータにもつ2変量正規分布に従う場合,その結合確率密度関数は

$$f_{X,Y}(x,y) = \frac{1}{(2\pi)|\Sigma|^{\frac{1}{2}}} \exp\left[-\frac{1}{2} \begin{pmatrix} x - \mu_X \\ y - \mu_Y \end{pmatrix}' \Sigma^{-1} \begin{pmatrix} x - \mu_X \\ y - \mu_Y \end{pmatrix}\right]$$

である[2]. この結合確率密度関数は

と分解できる. ここに

$$\beta_0 = \mu_Y - \beta_1 \mu_X, \quad \beta_1 = \frac{\rho_{XY} \sigma_Y}{\sigma_X}, \quad \sigma^2 = \sigma_Y^2(1 - \rho_{XY}^2), \quad \rho_{XY} = \frac{\sigma_{XY}}{\sigma_X \sigma_Y}$$

である. また, X の周辺確率密度関数は

$$f_X(x) = \frac{1}{\sqrt{2\pi\sigma_X^2}} \exp\left[-\frac{1}{2\sigma_X^2}(x - \mu_X)^2\right]$$

であるから,$X = x$ を与えたときの Y の条件付き確率密度関数は

となり,$Y|X = x$ の確率分布は

とかける. **母回帰直線** $E(Y|X = x)$ は $\beta_0 + \beta_1 x$ となる[3].

---

[2] 1変量の正規分布 $N(\mu, \sigma^2)$ の確率密度関数は $f_X(x) = \frac{1}{\sqrt{2\pi\sigma^2}} \exp\left[-\frac{1}{2}\left(\frac{x-\mu}{\sigma}\right)^2\right]$ である.

[3] $(X, Y)'$ の結合分布が2変量正規分布のときは母回帰曲線が x の線形関数となるので,母回帰直線とよぶ.

母相関係数の推定量

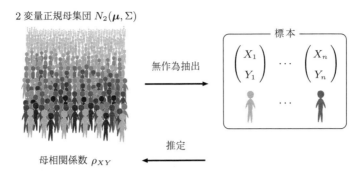

母相関係数とその推定量

2変量正規母集団の場合,母相関係数は母回帰直線の傾きの正負を定める非常に重要なパラメータであることがわかる.

母相関係数 ρ_{XY} の推定量としては標本相関係数:

$$R_{XY} = \frac{\frac{1}{n-1}\sum_{i=1}^{n}(X_i - \overline{X})(Y_i - \overline{Y})}{U_X U_Y}$$

を用いる.ここに,$U_X^2 = \dfrac{1}{n-1}\sum_{i=1}^{n}(X_i - \overline{X})^2$, $U_Y^2 = \dfrac{1}{n-1}\sum_{i=1}^{n}(Y_i - \overline{Y})^2$ である.

母回帰直線の切片・傾きの推定量

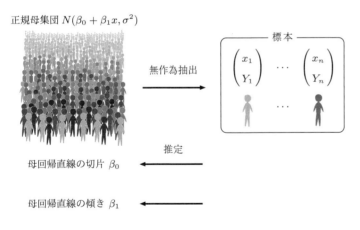

母回帰直線の切片・傾きとその推定量

母回帰直線の切片 β_0,傾き β_1 の推定量としては,51ページで導いた最小2乗推定量 $\widehat{\beta}_0, \widehat{\beta}_1$ を用いる.

注意 以後,母回帰直線の切片・傾きを総称して **母回帰係数**,その推定量を総称して **標本回帰係数** とよぶ.

Memo

3.3. 母相関係数に対する統計的推測

標本相関係数 r_{XY} の確率分布

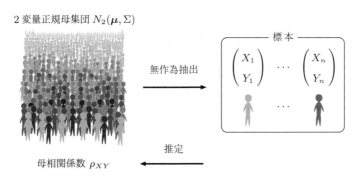

母相関係数とその推定量

　確率変数 X, Y の母相関係数 ρ_{XY} の値について，統計的に推測することを考える．その際，以下の標本相関係数の分布特性を利用する．

- $\rho_{XY} = 0$ の場合

- $\rho_{XY} \neq 0$ の場合

  r_{XY} の正確な確率分布は複雑．しかし，以下の変換 (**Z 変換**) を用いると，近似分布を利用することができる：

ここで，$Z_n \xrightarrow{d} N(0,1)$ は $n \to \infty$ としたとき，Z_n が $N(0,1)$ に分布収束 (13 ページ参照) することをあらわす．

母相関係数に対する有意性検定

X, Y に相関があるがないかという点に関心が持たれる場合が多い.そのため,これに対応する統計的推測法として**母相関係数に対する有意性検定**が得られている.つまり

- **帰無仮説**

- **対立仮説**

を設定し,H_0 の妥当性を統計的に検証する.いま

$$帰無仮説\ H_0:\ \rho_{XY}=0\ が成立 \Rightarrow T=$$

したがって,以下のような統計的推測を行う:

よって,T の実測値 t を用いて

という仮説検定を構成することができる (有意水準 α).P 値は $\mathrm{P}(|T| \geq |t|)$ $(T \sim t_{n-2})$ である.

母相関係数に対する近似信頼区間

母相関係数に対する有意性検定の帰無仮説 $H_0 : \rho_{XY} = 0$ が棄却された場合, 次に ρ_{XY} がどの程度の値をとるかに関心が及ぶ. その推定量 r_{XY} で簡単な見積もりは可能であるが, これにもばらつきがある. したがって, **母相関係数に対する近似信頼区間**の構成が考えられる (信頼水準 $1-\alpha$). これを得るために, Z_n が標準正規分布に分布収束することを利用する. つまり

$$P\left[-z\left(\frac{\alpha}{2}\right) \leq \frac{f(r_{XY}) - f(\rho_{XY})}{\sqrt{\dfrac{1}{n-3}}} \leq z\left(\frac{\alpha}{2}\right)\right] \fallingdotseq 1 - \alpha.$$

これより

$$P\left[C_\ell\left(\frac{\alpha}{2}\right) \leq f(\rho_{XY}) \leq C_u\left(\frac{\alpha}{2}\right)\right] \fallingdotseq 1 - \alpha$$

を得る. ここに, $C_\ell\left(\dfrac{\alpha}{2}\right) = f(r_{XY}) - \dfrac{z(\alpha/2)}{\sqrt{n-3}}$, $C_u\left(\dfrac{\alpha}{2}\right) = f(r_{XY}) + \dfrac{z(\alpha/2)}{\sqrt{n-3}}$, $f(x) = \dfrac{1}{2}\log\left(\dfrac{1+x}{1-x}\right)$ である. $f(x)$ の逆関数 $f^{-1}(x)$ は

$$f^{-1}(x) = \frac{e^{2x} - 1}{e^{2x} + 1}.$$

$f^{-1}(x)$ の導関数を求めると

$$\frac{d}{dx}f^{-1}(x) = \frac{4e^{2x}}{(e^{2x} + 1)^2}.$$

よって, 以下を得る:

ρ_{XY} に対する $100(1-\alpha)\%$ 近似信頼区間は

である．ここに，$c_\ell(\alpha/2), c_u(\alpha/2)$ はそれぞれ $C_\ell(\alpha/2), C_u(\alpha/2)$ の実測値である．

Memo

3.4. 母回帰直線に対する統計的推測

標本回帰係数 $\widehat{\beta}_0, \widehat{\beta}_1$ の分布

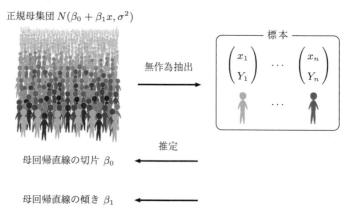

母回帰係数とその推定量

$$\begin{pmatrix} x_1 \\ Y_1 \end{pmatrix}, \ldots, \begin{pmatrix} x_n \\ Y_n \end{pmatrix}$$

は $Y|X = x \sim N(\beta_0 + \beta_1 x, \sigma^2)$ の正規母集団から得られた無作為標本とする．このとき，母回帰係数 β_0 および β_1 に対して，統計的推測を行うことを考える．その際，標本回帰係数 $\widehat{\beta}_0, \widehat{\beta}_1$ の確率分布を利用する．

- $\widehat{\beta}_0$ の確率分布

- $\widehat{\beta}_1$ の確率分布

母回帰係数 β_0 に対する有意性検定

母回帰直線における切片の値に関心がある場合, **母回帰係数 β_0 に対する有意性検定**:

- **帰無仮説**

- **対立仮説**

に対する仮説検定を考えることがある.

$$\text{帰無仮説 } H_0: \beta_0 = 0 \text{ が成立} \Rightarrow T =$$

したがって, 以下のような統計的推測を行う:

よって, T の実測値 t を用いて

という仮説検定を構成することができる (有意水準 α). P 値は $\mathrm{P}(|T| \geq |t|)$ $(T \sim t_{n-2})$ である.

母回帰係数 β_0 に対する信頼区間の構成

対立仮説 $H_1 : \beta_0 \neq 0$ が成り立つことが確からしいと考えられる場合, β_0 がどの程度の値であるかという点に関心が及ぶ. このとき, β_0 に対する区間推定が用いられる. 信頼水準 $1-\alpha$ とするとき, 以下のように**母回帰係数 β_0 に対する信頼区間**が構成される:

ここに, v は V の実測値である[4].

母回帰係数 β_1 に対する有意性検定

(x, Y) の関係を示す上で, 母回帰係数 β_1 は重要となる. (x, Y) に何らかの関係があるのであれば, $\beta_1 > 0$, または, $\beta_1 < 0$ となっていると推察される. このことに関して**母回帰係数 β_1 に対する有意性検定**:

- **帰無仮説** $H_0 : \beta_1 = 0$

- **対立仮説** $H_1 : \beta_1 \neq 0$

に対する仮説検定が考えられ

$$\text{帰無仮説 } H_0 : \beta_1 = 0 \text{ が成立} \Rightarrow T =$$

より, 検定統計量 T の実測値 t を用いた仮説検定方式として

---

[4] 厳密には, 信頼区間における $\widehat{\beta_0}$ も推定量 $\widehat{\beta_0}$ の実測値であるが, 誤解が生じるおそれがないので記号として区別しないこととする.

が与えられるが，これは母相関係数 ρ_{XY} に対する有意性検定 (60 ページ) の検定統計量や仮説検定方式と一致する．

母回帰係数 β_1 に対する信頼区間の構成

対立仮説 $H_1 : \beta_1 \neq 0$ が成り立つことが確からしいと考えられる場合，β_1 がどの程度の値であるかという点に関心が及ぶ．このとき，**母回帰係数 β_1 に対する信頼区間**が用いられる．信頼水準 $1 - \alpha$ とするとき，信頼区間は次の通りである．

$$\left[\widehat{\beta}_1 - t_{n-2}\left(\frac{\alpha}{2}\right)\sqrt{\frac{v}{\sum_{i=1}^n (x_i - \overline{x})^2}},\ \widehat{\beta}_1 + t_{n-2}\left(\frac{\alpha}{2}\right)\sqrt{\frac{v}{\sum_{i=1}^n (x_i - \overline{x})^2}} \right]$$

導出方法は母回帰係数 β_0 に対する信頼区間と同様である[5]．

---

[5] 厳密には，信頼区間における $\widehat{\beta}_1$ も推定量 $\widehat{\beta}_1$ の実測値であるが，誤解が生じるおそれがないので記号として区別しないこととする．

Memo

準備 (ベクトル・行列の基礎事項)

分割行列の逆行列

$C = \begin{pmatrix} C_{11} & C_{12} \\ C_{21} & C_{22} \end{pmatrix}$ が正則であるとき, C の逆行列は

$$C^{-1} = \begin{pmatrix} C_{11}^{-1} + C_{11}^{-1} C_{12} C_{22 \cdot 1}^{-1} C_{21} C_{11}^{-1} & -C_{11}^{-1} C_{12} C_{22 \cdot 1}^{-1} \\ -C_{22 \cdot 1}^{-1} C_{21} C_{11}^{-1} & C_{22 \cdot 1}^{-1} \end{pmatrix}$$

である. ここに, $C_{22 \cdot 1} = C_{22} - C_{21} C_{11}^{-1} C_{12}$ である.

分割行列の行列式

$C = \begin{pmatrix} C_{11} & C_{12} \\ C_{21} & C_{22} \end{pmatrix}$, C_{11} を正則行列とするとき, $|C| = |C_{11}||C_{22 \cdot 1}|$ が成り立つ.

証明の方針: C_{ij} $(i=1,2, j=1,2)$ を $d_i \times d_j$ 行列とするとき

$$\begin{pmatrix} I_{d_1} & O_{12} \\ -C_{21} C_{11}^{-1} & I_{d_2} \end{pmatrix} \begin{pmatrix} C_{11} & C_{12} \\ C_{21} & C_{22} \end{pmatrix} \begin{pmatrix} I_{d_1} & -C_{11}^{-1} C_{12} \\ O_{21} & I_{d_2} \end{pmatrix} = \begin{pmatrix} C_{11} & O_{12} \\ O_{21} & C_{22 \cdot 1} \end{pmatrix}$$

が成り立つことと, 行列の基本性質を利用する (I_{d_i} は $d_i \times d_i$ 単位行列).

ベクトルの微分

$\boldsymbol{x} = (x_1, \ldots, x_d)'$ とする. $\boldsymbol{x}$ の関数 $f(\boldsymbol{x})$ が $x_1, \ldots, x_d$ に関して偏微分可能であるとき, $\dfrac{\partial f(\boldsymbol{x})}{\partial \boldsymbol{x}}$ は

$$\frac{\partial f(\boldsymbol{x})}{\partial \boldsymbol{x}} = \begin{pmatrix} \dfrac{\partial f(\boldsymbol{x})}{\partial x_1} \\ \vdots \\ \dfrac{\partial f(\boldsymbol{x})}{\partial x_d} \end{pmatrix}$$

と定義される.

多変量正規分布

d 変量確率変数ベクトル $\boldsymbol{X}$ が平均ベクトル $\boldsymbol{\mu}$, 分散共分散行列 Σ の d 変量正規分布に従うとき, $\boldsymbol{X}$ の確率密度関数は

$$f_{\boldsymbol{X}}(\boldsymbol{x}) = (2\pi)^{-\frac{d}{2}} |\Sigma|^{-\frac{1}{2}} \exp\left[-\frac{1}{2}(\boldsymbol{x}-\boldsymbol{\mu})' \Sigma^{-1} (\boldsymbol{x}-\boldsymbol{\mu})\right] \ (\boldsymbol{x} \in \mathbb{R}^d).$$

3.5. 重回帰分析

線形重回帰モデルにおける最小 2 乗推定

回帰分析の説明変数を p 個に一般化した**重回帰分析**について学ぶ．はじめに，$(\boldsymbol{X}', Y)' = (X_1, \ldots, X_p, Y)'$ の実測値

$$(\boldsymbol{x}_1', y_1)' = (x_{11}, \ldots, x_{1p}, y_1), \ldots, (\boldsymbol{x}_n', y_n)' = (x_{n1}, \ldots, x_{np}, y_n)$$

に対して**線形重回帰モデル**

$$y_i = \boldsymbol{\beta}'\boldsymbol{x}_i^* + e_i = \beta_0 + \beta_1 x_{i1} + \cdots + \beta_p x_{ip} + e_i \quad (i = 1, \ldots, n, \ \boldsymbol{x}_i^* = \begin{pmatrix} 1 \\ \boldsymbol{x}_i \end{pmatrix})$$

を仮定し，**最小 2 乗法**を用いて $\boldsymbol{\beta} = (\beta_0, \beta_1, \ldots, \beta_p)'$ に対する推定を行う．**残差平方和** $Q(\boldsymbol{\beta})$ は

$$\boldsymbol{y} = \begin{pmatrix} y_1 \\ \vdots \\ y_n \end{pmatrix}, \ X = \begin{pmatrix} 1 & x_{11} & \cdots & x_{1p} \\ \vdots & \vdots & \ddots & \vdots \\ 1 & x_{n1} & \cdots & x_{np} \end{pmatrix} = \begin{pmatrix} 1 & \cdots & 1 \\ x_{11} & \cdots & x_{n1} \\ \vdots & \ddots & \vdots \\ x_{1p} & \cdots & x_{np} \end{pmatrix}' = (\boldsymbol{x}_1^*, \ldots, \boldsymbol{x}_n^*)'$$

とおけば

で表される．$\boldsymbol{\beta}$ の最小 2 乗推定量 $\widehat{\boldsymbol{\beta}} = (\widehat{\beta}_0, \widehat{\beta}_1, \ldots, \widehat{\beta}_p)'$ は

を解くことで得られる．

ベクトルの微分に関する公式

d 次元ベクトル $\boldsymbol{a}$, $\boldsymbol{x}$, $d \times d$ 行列 A に対し

$$\frac{\partial \boldsymbol{a}'\boldsymbol{x}}{\partial \boldsymbol{x}} = \boldsymbol{a}, \quad \frac{\partial \boldsymbol{x}'A\boldsymbol{x}}{\partial \boldsymbol{x}} = (A + A')\boldsymbol{x}.$$

第 1 式の証明

推定方程式と最小 2 乗推定量の導出

上記の公式を用いて，$\partial Q(\boldsymbol{\beta})/\partial \boldsymbol{\beta} = \boldsymbol{0}$ の左辺を求めると

$\boldsymbol{\beta}$ の最小 2 乗推定量 $\widehat{\boldsymbol{\beta}}$ は $(X'X)\widehat{\boldsymbol{\beta}} = X'\boldsymbol{y}$ より

と得られる．

正規母集団における線形重回帰モデル

$(\boldsymbol{X}', Y)' = (X_1, \ldots, X_p, Y)'$ 平均ベクトル,分散共分散行列

$$\boldsymbol{\mu} = \begin{pmatrix} \boldsymbol{\mu}_X \\ \mu_Y \end{pmatrix}, \quad \Sigma = \begin{pmatrix} \Sigma_{XX} & \boldsymbol{\sigma}_{XY} \\ \boldsymbol{\sigma}'_{XY} & \sigma_{YY} \end{pmatrix}$$

の $(p+1)$ 変量正規分布に従うとき,$\boldsymbol{X}, Y$ の結合確率密度関数は

$$f_{\boldsymbol{X},Y}(\boldsymbol{x},y) = (2\pi)^{-\frac{p+1}{2}} |\Sigma|^{-\frac{1}{2}} \exp\left[-\frac{1}{2}\begin{pmatrix} \boldsymbol{x}-\boldsymbol{\mu}_X \\ y-\mu_Y \end{pmatrix}' \begin{pmatrix} \Sigma_{XX} & \boldsymbol{\sigma}_{XY} \\ \boldsymbol{\sigma}'_{XY} & \sigma_{YY} \end{pmatrix}^{-1} \begin{pmatrix} \boldsymbol{x}-\boldsymbol{\mu}_X \\ y-\mu_Y \end{pmatrix}\right]$$

となる.分割行列の逆行列,行列式に関する公式を用いると,$f_{\boldsymbol{X},Y}(\boldsymbol{x},y)$ は以下のように分解できる:

ここに,$\sigma_{YY \cdot X} = \sigma_{YY} - \boldsymbol{\sigma}'_{XY} \Sigma_{XX}^{-1} \boldsymbol{\sigma}_{XY}$ である.$\boldsymbol{X}$ の周辺確率密度関数は

$$f_{\boldsymbol{X}}(\boldsymbol{x}) = (2\pi)^{-\frac{p}{2}} |\Sigma_{XX}|^{-\frac{1}{2}} \exp\left[-\frac{1}{2}(\boldsymbol{x}-\boldsymbol{\mu}_X)' \Sigma_{XX}^{-1} (\boldsymbol{x}-\boldsymbol{\mu}_X)\right]$$

であるから,$\boldsymbol{X} = \boldsymbol{x}$ を与えたときの Y の条件付き確率密度関数は

となる.したがって,多変量正規母集団における重回帰モデル $\mathrm{E}(Y|\boldsymbol{X}=\boldsymbol{x})$ は

$$\mu_Y + \boldsymbol{\sigma}'_{XY} \Sigma_{XX}^{-1} (\boldsymbol{x}-\boldsymbol{\mu}_X) = \mu_Y - \boldsymbol{\sigma}'_{XY} \Sigma_{XX}^{-1} \boldsymbol{\mu}_X + \boldsymbol{\sigma}'_{XY} \Sigma_{XX}^{-1} \boldsymbol{x} \equiv \beta_0 + \sum_{j=1}^{p} \beta_j x_j$$

であり,単回帰分析のときと同様,$x_1, \ldots, x_p$ の線形関数となる.

回帰係数の有意性検定 (参考)

$$\begin{pmatrix} \boldsymbol{x}_1 \\ Y_1 \end{pmatrix}, \ldots, \begin{pmatrix} \boldsymbol{x}_n \\ Y_n \end{pmatrix}$$

は $Y|\boldsymbol{X} = \boldsymbol{x} \sim N(\boldsymbol{\beta}'\boldsymbol{x}^*, \sigma^2)$ なる正規母集団から得られた無作為標本とする. ここに

$$\boldsymbol{\beta} = (\beta_0, \beta_1, \ldots, \beta_p)', \quad \boldsymbol{x}^* = (1, x_1, \ldots, x_p)$$

とする. ここで, $\boldsymbol{\beta}'\boldsymbol{x}^*$ は

$$\boldsymbol{\beta}'\boldsymbol{x}^* = (\beta_0, \beta_1, \ldots, \beta_p) \begin{pmatrix} 1 \\ x_1 \\ \vdots \\ x_p \end{pmatrix} = \beta_0 + \sum_{i=1}^{p} \beta_i x_i$$

である. このとき, 以下の仮説検定を考える:

帰無仮説 $H_0 : \boldsymbol{\beta}_{(0)} = \boldsymbol{0}_p$ vs. **対立仮説** $H_1 : \boldsymbol{\beta}_{(0)} \neq \boldsymbol{0}_p$

ここに, $\boldsymbol{\beta}_{(0)} = (\beta_1, \ldots, \beta_p)'$ である. 有意水準を α, 検定統計量を

$$F = \frac{n-p-1}{p} \cdot \frac{\widehat{\boldsymbol{\beta}}'_{(0)} \{C(X'X)^{-1}C'\} \widehat{\boldsymbol{\beta}}_{(0)}}{\boldsymbol{Y}'(I_n - X(X'X)^{-1}X')\boldsymbol{Y}} \quad (C = (\boldsymbol{0}_p \ I_p))$$

とする. このとき, F の実測値 f を用いて, $f > F_{p, n-p-1}(\alpha)$ のとき, 帰無仮説 $H_0 : \boldsymbol{\beta}_{(0)} = \boldsymbol{0}_p$ を棄却する. ここに, $\boldsymbol{Y}' = (Y_1, \ldots, Y_n)$, $\widehat{\boldsymbol{\beta}}_{(0)} = (\widehat{\beta}_1, \ldots, \widehat{\beta}_p)'$ である.

Memo

3.6. 回帰の評価規準

評価基準の種類

重回帰分析では $(\boldsymbol{x}'_1, y_1), \ldots, (\boldsymbol{x}'_n, y_n)$ に対する回帰のあてはめを評価することが重要となる. その規準として以下がよく用いられる.

- 重相関係数
- 決定係数 (R^2 値)
- 自由度調整済み決定係数 (自由度調整済み R^2 値)
- 赤池情報量規準 (**AIC**)

以下, それぞれについて解説する.

重相関係数

回帰のあてはめの良さを Y_i の実測値 y_i と $\widehat{Y}_i$ の実測値 $\widehat{y}_i$ の標本相関係数で定義したものが**重相関係数**である.

ただし, $\overline{\widehat{y}} = \dfrac{1}{n} \sum_{i=1}^{n} \widehat{y}_i$ である.

平方和の分解と決定係数

$$\sum_{i=1}^{n}(y_i - \overline{y})^2 = \sum_{i=1}^{n}(y_i - \widehat{y}_i)^2 + \sum_{i=1}^{n}(\widehat{y}_i - \overline{y})^2$$

左辺は**偏差平方和** (ばらつき), 右辺の第 1 項は残差平方和である. **決定係数** (R^2 値) は偏差平方和に対する残差平方和以外の量が占める割合である.

決定係数 (R^2 値)

決定係数が大きければ偏差平方和に対して残差平方和が小さく，回帰のあてはまりの良さを表す．実用上は**自由度調整済み決定係数**（自由度調整済み R^2 値）が用いられる．

自由度調整済み決定係数（自由度調整済み R^2 値）

赤池情報量規準 (AIC)

　赤池情報量規準 (AIC) は対数尤度関数に最尤推定量を代入した値（**最大対数尤度**）を用いたモデルの評価規準である．精度良く，よりシンプルなモデルを選択するために，モデルの次元数を考慮する．重回帰モデルの場合，尤度関数を $\ell(\boldsymbol{\beta})$ とすると，AIC は

となる．ここに，$\widehat{\boldsymbol{\beta}}$ は $\boldsymbol{\beta}$ の最尤推定量である[6]．AIC は最大対数尤度を -2 倍した量を基にしており，この値が小さいほど予測の観点からも良いモデルとされる．ただし，説明変数の次元数が大きくなると AIC は大きくなる．

線形モデルと非線形モデル

- 線形モデルの利点と問題点

- 非線形モデルの利点と問題点

---

[6] 重回帰モデルの場合，最小 2 乗推定量と最尤推定量は一致する．

Memo

演習問題 (相関・回帰編)

3.1.1. 2次元データ $(x_1, y_1), \ldots, (x_n, y_n)$ が得られている. このとき
$$y_i = \beta_0 + \beta_1 x_i + e_i$$
の関係があるとする. また, 残差平方和を
$$Q(\beta_0, \beta_1) = \sum_{i=1}^{n} e_i^2 = \sum_{i=1}^{n} \{y_i - (\beta_0 + \beta_1 x_i)\}^2$$
で定義する. このとき, 残差平方和 $Q(\beta_0, \beta_1)$ を最小にする点 $(\beta_0, \beta_1) = (\widehat{\beta_0}, \widehat{\beta_1})$ が
$$\widehat{\beta_0} = \overline{y} - \widehat{\beta_1}\overline{x}, \quad \widehat{\beta_1} = \frac{r_{xy}u_y}{u_x}$$
で与えられることを示せ. なお, $\overline{x}, \overline{y}, u_x^2, u_y^2$ はそれぞれ
$$\overline{x} = \frac{1}{n}\sum_{i=1}^{n} x_i, \quad \overline{y} = \frac{1}{n}\sum_{i=1}^{n} y_i, \quad u_x^2 = \frac{1}{n-1}\sum_{i=1}^{n}(x_i - \overline{x})^2, \quad u_y^2 = \frac{1}{n-1}\sum_{i=1}^{n}(y_i - \overline{y})^2$$
であり, r_{xy} は標本相関係数である.

3.1.2. 自動車の走行速度と制動距離のデータがある. 走行速度を説明変数, 制動距離を目的変数として, 標本回帰係数を小数第3位まで求めよ.

自動車の走行速度と制動距離		
No.	走行速度	制動距離
1	4	7
2	13	34
3	20	52
4	18	56
5	14	36

3.2.1. 平均ベクトル, 分散共分散行列
$$\boldsymbol{\mu} = \begin{pmatrix} \mu_X \\ \mu_Y \end{pmatrix}, \quad \Sigma = \begin{pmatrix} \sigma_X^2 & \sigma_{XY} \\ \sigma_{XY} & \sigma_Y^2 \end{pmatrix}$$
をパラメータにもつ2変量正規分布の結合確率密度関数
$$f_{X,Y}(x,y) = \frac{1}{(2\pi)|\Sigma|^{\frac{1}{2}}} \exp\left[-\frac{1}{2}\begin{pmatrix} x - \mu_X \\ y - \mu_Y \end{pmatrix}' \Sigma^{-1} \begin{pmatrix} x - \mu_X \\ y - \mu_Y \end{pmatrix}\right]$$
が
$$\begin{aligned} f_{X,Y}(x,y) &= \frac{1}{\sqrt{2\pi\sigma_X^2}}\exp\left[-\frac{1}{2\sigma_X^2}(x-\mu_X)^2\right] \\ &\quad \times \frac{1}{\sqrt{2\pi\sigma^2}}\exp\left[-\frac{1}{2\sigma^2}(y-(\beta_0+\beta_1 x))^2\right] \end{aligned}$$
と分解されることを示せ. ここに
$$\beta_0 = \mu_Y - \beta_1\mu_X, \quad \beta_1 = \frac{\rho_{XY}\sigma_Y}{\sigma_X}, \quad \sigma^2 = \sigma_Y^2(1-\rho_{XY}^2), \quad \rho_{XY} = \frac{\sigma_{XY}}{\sigma_X\sigma_Y}$$
である.

3.3.1. 3.1.2. の自動車の走行速度と制動距離のデータは, 2 変量正規分布に従う母集団から得られた無作為標本であるとする. このとき, 走行速度と制動距離の母相関係数に対する有意性検定の検定統計量を小数第 3 位まで求め, 有意水準 0.01 で仮説検定せよ.

3.3.2. 以下の賃貸物件のデータは, 2 変量正規分布に従う母集団から得られた無作為標本であるとする. 面積と家賃の母相関係数に対する有意性検定の検定統計量を小数第 3 位まで求め, 有意水準 0.05 で仮説検定せよ.

賃貸物件の面積と家賃

No.	面積	家賃
1	57	9.41
2	63	7.76
3	49	8.89
4	70	10.98

3.3.3. $(X_1, Y_1)', \ldots, (X_n, Y_n)'\ (n > 3)$ を 2 変量正規分布に従う母集団から得られた無作為標本であるとする. また, 母相関係数を ρ_{XY}, 無作為標本から得られる標本相関係数を r_{XY} とする. $n \to \infty$ とすると

$$Z_n = \frac{\frac{1}{2}\log\left(\frac{1+r_{XY}}{1-r_{XY}}\right) - \frac{1}{2}\log\left(\frac{1+\rho_{XY}}{1-\rho_{XY}}\right)}{\sqrt{\frac{1}{n-3}}} \xrightarrow{d} N(0,1)$$

が成り立つことを用いて, 母相関係数 ρ_{XY} に対する $100(1-\alpha)\%$ 近似信頼区間が

$$\left[\tanh c_\ell\left(\frac{\alpha}{2}\right), \tanh c_u\left(\frac{\alpha}{2}\right)\right]$$

と構成されることを示せ. ここに

$$C_\ell\left(\frac{\alpha}{2}\right) = \frac{1}{2}\log\left(\frac{1+r_{XY}}{1-r_{XY}}\right) - \frac{z(\alpha/2)}{\sqrt{n-3}},\quad C_u\left(\frac{\alpha}{2}\right) = \frac{1}{2}\log\left(\frac{1+r_{XY}}{1-r_{XY}}\right) + \frac{z(\alpha/2)}{\sqrt{n-3}}$$

であり, $c_\ell(\alpha/2), c_u(\alpha/2)$ はそれぞれ $C_\ell(\alpha/2), C_u(\alpha/2)$ の実測値である.

3.3.4. 3.1.2. の自動車の走行速度と制動距離のデータは, 2 変量正規母集団から得られた無作為標本であるとする. 走行速度と制動距離の母相関係数に対する近似信頼区間 (信頼水準 0.90, 0.95, 0.99) を小数第 4 位までそれぞれ求めよ.

3.4.1. $Y|X = x \sim N(\beta_0 + \beta_1 x, \sigma^2)$ の正規母集団から得られた無作為標本を $(x_1, Y_1)', \ldots, (x_n, Y_n)'$ とする.

$$\frac{\widehat{\beta}_0 - \beta_0}{\sqrt{\frac{V(\sum_{i=1}^n x_i^2)}{n\sum_{i=1}^n (x_i - \overline{x})^2}}} \sim t_{n-2}$$

が成り立つことを用いて, β_0 に対する $100(1-\alpha)\%$ 信頼区間が

$$\left[\widehat{\beta}_0 - t_{n-2}\left(\frac{\alpha}{2}\right)\sqrt{\frac{v(\sum_{i=1}^n x_i^2)}{n\sum_{i=1}^n (x_i - \overline{x})^2}},\ \widehat{\beta}_0 + t_{n-2}\left(\frac{\alpha}{2}\right)\sqrt{\frac{v(\sum_{i=1}^n x_i^2)}{n\sum_{i=1}^n (x_i - \overline{x})^2}}\right]$$

と構成されることを示せ. ここに

$$V = \frac{1}{n-2}\sum_{i=1}^n (Y_i - \widehat{Y}_i)^2 \ (\widehat{Y}_i = \widehat{\beta}_0 + \widehat{\beta}_1 x_i), \ \widehat{\beta}_0 = \overline{Y} - \widehat{\beta}_1 \overline{x}, \ \widehat{\beta}_1 = \frac{r_{xY}U_Y}{u_x},$$

$$r_{xY} = \frac{U_{xY}}{u_x U_Y}, \ \ U_{xY} = \frac{1}{n-1}\sum_{i=1}^n (x_i - \overline{x})(Y_i - \overline{Y}),$$

$$u_x^2 = \frac{1}{n-1}\sum_{i=1}^n (x_i - \overline{x})^2, \ \ U_Y^2 = \frac{1}{n-1}\sum_{i=1}^n (Y_i - \overline{Y})^2,$$

v は V の実測値である. ただし, $\overline{x}$ は $x_1, \ldots, x_n$ の標本平均, $\overline{Y}$ は $Y_1, \ldots, Y_n$ の標本平均である.

3.4.2. 以下の賃貸物件の築年数 x と家賃 Y のデータは, $Y|X=x \sim N(\beta_0 + \beta_1 x, \sigma^2)$ の正規母集団から得られた無作為標本であるとする. 以下の問に答えよ.

	賃貸物件の築年数と家賃	
No.	築年数	家賃
1	17	9.41
2	34	7.76
3	28	8.89
4	10	10.98

(1) 母回帰係数 β_0 に対する有意性検定の検定統計量を小数第3位まで求め, 有意水準 0.05 で仮説検定せよ.

(2) 母回帰係数 β_0 に対する信頼区間 (信頼水準 0.95) を小数第3位までそれぞれ求めよ.

3.4.3. $Y|X=x \sim N(\beta_0 + \beta_1 x, \sigma^2)$ の正規母集団から得られた無作為標本を $(x_1, Y_1)', \ldots, (x_n, Y_n)'$ とする. 帰無仮説 $H_0: \beta_1 = 0$ に対する検定統計量 T(66ページ参照) が

$$T = \frac{r_{xY}\sqrt{n-2}}{\sqrt{1-r_{xY}^2}}$$

とかけることを示せ (各種統計量の定義は 3.4.1. を参照).

3.4.4. $Y|X=x \sim N(\beta_0 + \beta_1 x, \sigma^2)$ の正規母集団から得られた無作為標本を $(x_1, Y_1)', \ldots, (x_n, Y_n)'$ とする ($n > 2$).

$$\frac{\widehat{\beta}_1 - \beta_1}{\sqrt{\dfrac{V}{\sum_{i=1}^n (x_i - \overline{x})^2}}} \sim t_{n-2}$$

が成り立つことを用いて, β_1 に対する $100(1-\alpha)\%$ 信頼区間が

$$\left[\widehat{\beta}_1 - t_{n-2}\left(\frac{\alpha}{2}\right)\sqrt{\frac{v}{\sum_{i=1}^n (x_i - \overline{x})^2}}, \ \widehat{\beta}_1 + t_{n-2}\left(\frac{\alpha}{2}\right)\sqrt{\frac{v}{\sum_{i=1}^n (x_i - \overline{x})^2}}\right]$$

と構成されることを示せ (各種統計量の定義は 3.4.1. を参照).

3.4.5. 3.1.2. の自動車の走行速度 x と制動距離 Y のデータを, $Y|X=x \sim N(\beta_0 + \beta_1 x, \sigma^2)$ の正規母集団から得られた無作為標本とする. β_1 に対する信頼区間 (信頼水準 $0.90, 0.95, 0.99$) を小数第3位までそれぞれ求めよ.

3.5.1. $C = \begin{pmatrix} C_{11} & C_{12} \\ C_{21} & C_{22} \end{pmatrix}$, C_{11} が正則であるとき, 以下を示せ. ただし, $C_{22 \cdot 1} = C_{22} - C_{21} C_{11}^{-1} C_{12}$ である.

(1) $C^{-1} = \begin{pmatrix} C_{11}^{-1} + C_{11}^{-1} C_{12} C_{22 \cdot 1}^{-1} C_{21} C_{11}^{-1} & -C_{11}^{-1} C_{12} C_{22 \cdot 1}^{-1} \\ -C_{22 \cdot 1}^{-1} C_{21} C_{11}^{-1} & C_{22 \cdot 1}^{-1} \end{pmatrix}$,

(2) $|C| = |C_{11}||C_{22 \cdot 1}|$.

3.5.2. d 次元ベクトル $\boldsymbol{a}$, $\boldsymbol{x}$, $d \times d$ 行列 A に対し, 以下を示せ.

$$(1) \frac{\partial \boldsymbol{a}' \boldsymbol{x}}{\partial \boldsymbol{x}} = \boldsymbol{a}, \quad (2) \frac{\partial \boldsymbol{x}' A \boldsymbol{x}}{\partial \boldsymbol{x}} = (A + A') \boldsymbol{x}.$$

3.5.3. $(\boldsymbol{X}', Y)' = (X_1, \ldots, X_p, Y)'$ の実測値

$$(\boldsymbol{x}_1', y_1)' = (x_{11}, \ldots, x_{1p}, y_1), \ldots, (\boldsymbol{x}_n', y_n)' = (x_{n1}, \ldots, x_{np}, y_n)$$

に対して線形重回帰モデル

$$y_i = \boldsymbol{\beta}' \boldsymbol{x}_i^* + e_i = \beta_0 + \beta_1 x_{i1} + \cdots + \beta_p x_{ip} + e_i \quad (i = 1, \ldots, n, \quad \boldsymbol{x}_i^* = \begin{pmatrix} 1 \\ \boldsymbol{x}_i \end{pmatrix})$$

を仮定する. このとき, 以下の問に答えよ.

(1) 残差平方和 $\sum_{i=1}^{n} e_i^2$ が $(\boldsymbol{y} - X\boldsymbol{\beta})'(\boldsymbol{y} - X\boldsymbol{\beta})$ とかけることを示せ. ここに

$$\boldsymbol{\beta} = \begin{pmatrix} \beta_0 \\ \beta_1 \\ \vdots \\ \beta_p \end{pmatrix}, \quad \boldsymbol{y} = \begin{pmatrix} y_1 \\ \vdots \\ y_n \end{pmatrix}, \quad X = \begin{pmatrix} 1 & x_{11} & \cdots & x_{1p} \\ \vdots & \vdots & \ddots & \vdots \\ 1 & x_{n1} & \cdots & x_{np} \end{pmatrix}$$

である.

(2) 最小 2 乗法により, $\boldsymbol{\beta}$ の最小 2 乗推定量 $\widehat{\boldsymbol{\beta}} = (X'X)^{-1} X' \boldsymbol{y}$ を導け.

3.5.4. $(\boldsymbol{X}', Y)'$ が平均ベクトル, 分散共分散行列がそれぞれ

$$\boldsymbol{\mu} = \begin{pmatrix} \boldsymbol{\mu}_X \\ \mu_Y \end{pmatrix}, \quad \Sigma = \begin{pmatrix} \Sigma_{XX} & \boldsymbol{\sigma}_{XY} \\ \boldsymbol{\sigma}_{XY}' & \sigma_{YY} \end{pmatrix}$$

の $(p+1)$ 変量正規分布に従うとする. つまり, $(\boldsymbol{X}', Y)'$ の結合確率密度関数は

$$f_{\boldsymbol{X}, Y}(\boldsymbol{x}, y) = (2\pi)^{-\frac{p+1}{2}} |\Sigma|^{-\frac{1}{2}} \exp\left[-\frac{1}{2} \begin{pmatrix} \boldsymbol{x} - \boldsymbol{\mu}_X \\ y - \mu_Y \end{pmatrix}' \begin{pmatrix} \Sigma_{XX} & \boldsymbol{\sigma}_{XY} \\ \boldsymbol{\sigma}_{XY}' & \sigma_{YY} \end{pmatrix}^{-1} \begin{pmatrix} \boldsymbol{x} - \boldsymbol{\mu}_X \\ y - \mu_Y \end{pmatrix}\right]$$

である. このとき

$$\begin{aligned} f_{\boldsymbol{X}, Y}(\boldsymbol{x}, y) &= (2\pi)^{-\frac{p}{2}} |\Sigma_{XX}|^{-\frac{1}{2}} \exp\left[-\frac{1}{2}(\boldsymbol{x} - \boldsymbol{\mu}_X)' \Sigma_{XX}^{-1} (\boldsymbol{x} - \boldsymbol{\mu}_X)\right] \\ &\quad \times \frac{1}{\sqrt{2\pi \sigma_{YY \cdot X}}} \exp\left[-\frac{1}{2\sigma_{YY \cdot X}} (y - (\beta_0 + \boldsymbol{\beta}_{(0)}' \boldsymbol{x}))^2\right] \end{aligned}$$

と分解できることを示せ. ただし

$$\beta_0 = \mu_Y - \boldsymbol{\beta}_{(0)}' \boldsymbol{x}, \quad \boldsymbol{\beta}_{(0)} = \Sigma_{XX}^{-1} \boldsymbol{\sigma}_{XY}, \quad \sigma_{YY \cdot X} = \sigma_{YY} - \boldsymbol{\sigma}_{XY}' \Sigma_{XX}^{-1} \boldsymbol{\sigma}_{XY}$$

である.

3.6.1. 回帰直線への (x_i, y_i) のあてはめ値 $\widehat{y_i}$ を $\widehat{y_i} = \widehat{\beta}_0 + \widehat{\beta}_1 x_i$ $(i = 1, \ldots, n)$ とするとき, 全変動 $\sum_{i=1}^n (y_i - \overline{y})^2$ が残差変動 $\sum_{i=1}^n (y_i - \widehat{y_i})^2$ と回帰変動 $\sum_{i=1}^n (\widehat{y_i} - \overline{y})^2$ の和としてかけることを示せ.

4. 判別・分類編

4.1. 判別分析

判別分析で扱う問題

2種類のワインからそれぞれ47本,57本のワインボトルを無作為に抜き取り,すべてのワインボトルに対して色調および色彩強度を測定したデータがある.

第1品種			第2品種		
No.	色調	色彩強度	No.	色調	色彩強度
1	1.04	5.64	1	1.05	1.95
⋮	⋮	⋮	⋮	⋮	⋮
47	0.87	5.24	57	1.71	1.90

また,上記とは別にどちらの品種のワインかが不明なワインボトルがあり,色調が0.69,色彩強度が3.94であったとする.品種が不明なワインボトルの品種について,既に品種の情報が判明しているデータを頼りに判別したい場合,どのように対処したらよいだろうか.

ここで学ぶ**判別分析**とは,まさにこのような用途で用いられる統計解析手法である.すなわち,判別分析では第1母集団,第2母集団から得られた**トレーニングデータ**を基にして,どちらの母集団から得られたかが不明な**テストデータ**を判別する.

応用例

-
-

判別分析においては伝統的に母集団を**群**とよぶ.以後,第1母集団を第1群,第2母集団を第2群という.本講義では各群の分布をパラメータの異なる p 変量正規分布とし,第1群を $\Pi_1 : N_p(\boldsymbol{\mu}_1, \Sigma_1)$, 第2群を $\Pi_2 : N_p(\boldsymbol{\mu}_2, \Sigma_2)$ とかくことにする.ここで,$\boldsymbol{X} = (X_1, \ldots, X_p)' \sim N_p(\boldsymbol{\mu}, \Sigma)$ の確率密度関数は以下の通りである:

$$f_{\boldsymbol{X}}(\boldsymbol{x}) = (2\pi)^{-\frac{p}{2}} |\Sigma|^{-\frac{1}{2}} \exp\left(-\frac{1}{2}(\boldsymbol{x} - \boldsymbol{\mu})' \Sigma^{-1} (\boldsymbol{x} - \boldsymbol{\mu})\right).$$

誤判別確率

テストデータを判別する際に，正確に判別する規準を求めるためには，テストデータを判別したときに誤って判別してしまう確率(**誤判別確率**)を可能な限り小さくすればよい．

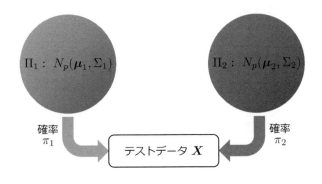

先験確率

先験確率 (p 変量データが第 1 群から得られる確率, p 変量データが第 2 群から得られる確率) を

$$\pi_1, \quad \pi_2 \quad (\pi_1 + \pi_2 = 1)$$

と定義し，第 1 群から得られた p 変量データが第 2 群に誤判別される確率を $e(2|1)$, 第 2 群から得られた p 変量データが第 1 群に誤判別される確率を $e(1|2)$ とかくことにすれば，期待される**誤判別確率**は

$$\pi_1 e(2|1) + \pi_2 e(1|2)$$

とかける．これを最小にするような**判別規準**を求めればよい．

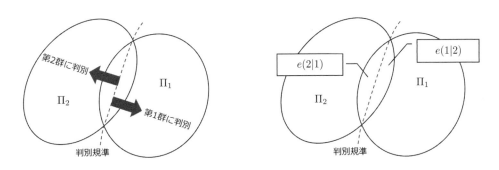

判別規準と誤判別確率

ベイズ判別規準

先験確率 π_1, π_2 と 2 群 $\Pi_g : N_p(\boldsymbol{\mu}_g, \Sigma_g)$ $(g=1,2)$ のパラメータ $\boldsymbol{\mu}_1, \boldsymbol{\mu}_2, \Sigma_1, \Sigma_2$ が正確に得られるならば, 期待される誤判別確率を最小にする判別規準 (**ベイズ判別規準**) が求まる.

- $\Sigma_1 = \Sigma_2 (= \Sigma)$ の場合のベイズ判別規準:

- $\Sigma_1 \neq \Sigma_2$ の場合のベイズ判別規準:

$\boldsymbol{X}$ の実測値を $\boldsymbol{x}$ とするとき, $L_0(\boldsymbol{x})$ または $Q_0(\boldsymbol{x}) > c$ ならば, $\boldsymbol{x}$ を Π_1 に判別する. その他の場合, $\boldsymbol{x}$ を Π_2 に判別する. ここに, $c = \log(\pi_2/\pi_1)$ であり, c を**判別分岐点**という.

線形判別関数と 2 次判別関数

ベイズ判別規準は群の分布のパラメータに依るため, これを用いてテストデータの判別を行うことは困難である. そこで, 各群から得られている標本 (トレーニングデータ)

- **第 1 群** ($\Pi_1 : N_p(\boldsymbol{\mu}_1, \Sigma_1)$) から得られた標本

- **第 2 群** ($\Pi_2 : N_p(\boldsymbol{\mu}_2, \Sigma_2)$) から得られた標本

を基に分布のパラメータを推定し, ベイズ判別規準に挿し込んで判別規準を構成する.

用いられる推定量は以下の通りである:

- $\boldsymbol{\mu}_g$ $(g=1,2)$ の推定量

- Σ_g $(g=1,2)$ の推定量

- $\Sigma_1 = \Sigma_2(=\Sigma)$ の推定量

上記の推定量はそれぞれパラメータに対する一致推定量かつ不偏推定量となっている[1]. よって, $\Sigma_1 = \Sigma_2$ のときは**線形判別関数**, $\Sigma_1 \neq \Sigma_2$ のときは**2次判別関数**を用いて, テストデータ $\boldsymbol{x}$ を判別する:

- **線形判別関数**[2] ($\Sigma_1 = \Sigma_2(=\Sigma)$ のとき):

- **2次判別関数**[3] ($\Sigma_1 \neq \Sigma_2$ のとき):

$L(\boldsymbol{x})$ または $Q(\boldsymbol{x}) > c$ のとき, $\boldsymbol{x}$ を Π_1 に判別する. その他の場合, $\boldsymbol{x}$ を Π_2 に判別する. 判別分岐点

---
[1] ベクトルの推定量, 行列の推定量に対しても一致性, 不偏性が定義される. 詳細は野田一雄, 宮岡悦良『数理統計学の基礎』(共立出版) を参照.
[2] $\boldsymbol{x} = (x_1,\ldots,x_p)'$ の成分 $x_1,\ldots,x_p$ に関して1次関数であることから, 線形判別関数とよばれている.
[3] $\boldsymbol{x} = (x_1,\ldots,x_p)'$ の成分 $x_1,\ldots,x_p$ に関して2次関数であることから, 2次判別関数とよばれている.

$c = \log(\pi_2/\pi_1)$ における π_1, π_2 が未知の場合は,判別分岐点を $c = \log(\widehat{\pi}_2/\widehat{\pi}_1)$ とする.ここに,$\widehat{\pi}_1, \widehat{\pi}_2$ は

である.

誤判別確率の推定

誤判別確率を正確に求めることは困難を極めるため,その推定方法が与えられている.よく用いられる簡便な誤判別確率の推定量は以下の通りである.

ここに,1_A は A が成り立つとき 1,その他の場合は 0 となる指示関数である.

Memo

4.2. 階層的クラスター分析

判別分析とクラスター分析の違い

判別分析では，群が既知のトレーニングデータを手掛かりにして，群が不明なテストデータの群を統計的に判別した．ここでは，異なる状況を考えてグループ分けを行うことを考える．

例えば，以下の6名の学生を身長と体重のデータでグループ分けを行う場合，判別分析の場合のように明確に群が与えられておらず，トレーニングデータを頼りにグループ分けを行うことができない．

学生の身長・体重

No.	身長	体重
1	168	67
2	177	85
3	172	61
4	183	73
5	165	59
6	159	58

ここでは上記のように，トレーニングデータが得られない状況で n 個の p 変量データ $\boldsymbol{x}_1, \ldots, \boldsymbol{x}_n$ のグループ (**クラスター**) を探し当てるための統計解析法 (**クラスター分析**) について学ぶ．クラスター分析は階層的手法と非階層的手法に大別される．

($p = 2$, $n = 5$ の場合)

階層的クラスター分析のアルゴリズム

(1) クラスター C_ℓ ($\ell \in \{1, \ldots, n\}$) を $\boldsymbol{x}_1, \ldots, \boldsymbol{x}_n$ の添字集合とする．初期段階では $C_1 = \{1\}, \ldots, C_n = \{n\}$ とする．

(2) $C_1, \ldots, C_n$ について, 距離 $d(C_i, C_j)$ $(i \neq j,\ i, j = 1, \ldots, n)$ を計算する. ここで, $d(C_i, C_j)$ として

を採用し, $d(C_i, C_j)$ が最小となる $\{i, j\}$ を同一クラスターとして合併する. 2個を合併して得られたクラスターを含む各クラスターを改めて $C_1, \ldots, C_{n-1}$ とする.

(3) $k = n - 1, \ldots, 2$ に対し, 以下を繰り返す:

(3a) 既存の k 個のクラスター $C_1, \ldots, C_k$ について, クラスター間の距離 $d(C_i, C_j)$ を計算する. このクラスター間の距離は, 以下のうちの1つを選んで計算を行う (C_i, C_j の両方のクラスターが1つの添字のみを持つ場合は (2) の $d(C_i, C_j)$ を採用する).

(i) **最短距離法 (単連結法)**

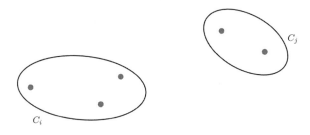

(ii) **最長距離法 (完全連結法)**

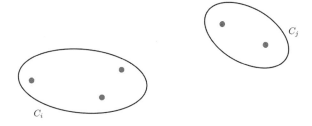

(iii) **群平均法**

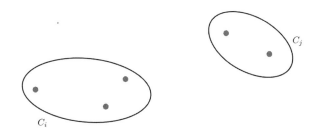

(iv) **重心法**

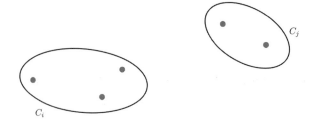

(v) **Ward 法**

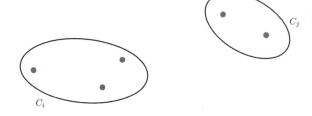

(3b) $d(C_i, C_j)$ が最小となる C_i と C_j を 1 つのクラスターとして合併する. 合併して得られた $(k-1)$ 個のクラスターを改めて, $C_1, \ldots, C_{k-1}$ とする.

デンドログラム (樹形図)

通常, クラスターの合併のプロセスを図示した**デンドログラム**が出力される.

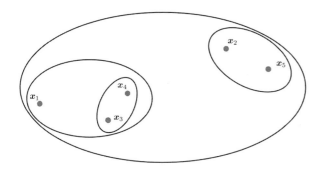

この構造から, この方法は**階層的クラスター分析**と呼ばれる.

階層的クラスター分析の課題

-

  例) 10,000 個の観測対象に対しては, 距離行列の算出の際に 49,995,000 個の組み合わせで距離の計算が必要.

-

例題 (4.2.1. (1))

	1	2	3	4	5
2	20.12				
3	7.211	24.52			
4	16.16	13.42	16.28		
5	8.544	28.64	7.280	22.80	
6	12.73	32.45	13.34	28.30	6.083

	1	2	3	4
2	20.12			
3	7.211	24.52		
4	16.16	13.42	16.28	
(5, 6)				

4.2. 階層的クラスター分析   95

	(1,3)	2	4
2			
4		13.42	
(5,6)		28.64	22.80

	(1,3,5,6)	2
2		
4		13.42

	(1,3,5,6)
(2,4)	

Memo

(続き)

4.3. 非階層的クラスター分析

非階層的クラスター分析

 非階層的クラスター分析では，クラスターの構成の過程においてクラスターに属する対象の交換を認めながら，クラスターの構成を行う．

 非階層的クラスター分析では，n 個の p 変量データ $\bm{x}_1,\ldots,\bm{x}_n$ に対し，ある意味で最適性をもつ $K(\leq n)$ 個のクラスター $C_1,\ldots,C_K$ への割り当てを考える．ここで $C_1,\ldots,C_K$ は $\bm{x}_1,\ldots,\bm{x}_n$ の添字集合とし

-
-
-

を満たすものとする．ここで求めるクラスターの最適性とは，あるクラスター内変動 $W(C_\ell)$ を定義した下で

の解 $C_1,\ldots,C_K$ を求めることである．代表的なクラスター内変動の定義は

$$W(C_\ell) = \frac{1}{n_\ell} \sum_{i,j \in C_\ell} \|\bm{x}_i - \bm{x}_j\|^2 \quad (n_\ell = \#(C_\ell), \ell \in \{1,\ldots,K\})$$

である．しかし，莫大なクラスターの組み合わせから最適解を求めることは極めて困難であるので，局所的な最適解を求める方法として，以下の **K 平均法**が広く用いられている．

K平均法の図解 ($K=2$ の場合)

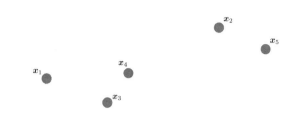

(1) クラスター数 K を定め, 乱数を用いて初期クラスターを定める.

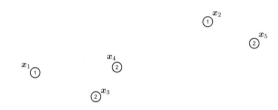

(2a) クラスターごとに重心を求める (三角印).

(2b) 重心が近い方のクラスターに再度割り当てを行う.

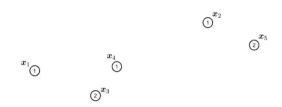

(2a) クラスターごとに重心を求める (三角印).

(2b) 重心が近い方のクラスターに再度割り当てを行う.

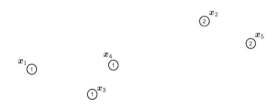

重心が動かなくなるまで (2a) と (2b) を繰り返す. 上記の例では, 最後の図の状況になると重心が動かなくなるので, クラスターの構成は $C_1 = \{1, 3, 4\}, C_2 = \{2, 5\}$ となる.

K 平均法のアルゴリズム

K 平均法のアルゴリズムをまとめると，以下の通りである．

(1) 初期クラスターを構成するために，乱数によって $1, \ldots, n$ を $C_1, \ldots, C_K$ に割り当てる．

(2) 以下を $C_1, \ldots, C_K$ が変動しなくなるまで繰り返す．

　(2a) 各クラスターの標本平均ベクトル (重心)

　　　を計算する．

　(2b) $C_1, \ldots, C_K$ を以下のように定める:
$$C_\ell = \left\{ i \in \{1, \ldots, n\} \,\middle|\, \min_{m \in \{1, \ldots, K\}} \|\boldsymbol{x}_i - \overline{\boldsymbol{x}}_m\|^2 = \|\boldsymbol{x}_i - \overline{\boldsymbol{x}}_\ell\|^2 \right\}$$

K 平均法の課題

-

-

Memo

演習問題 (判別・分類編)

4.1.1. 2種類 (第1品種, 第2品種) のワインがあり, ワインの中身を調べることなく得られる色調 X_1 と色彩強度 X_2 の実測値 $\boldsymbol{x} = (x_1, x_2)'$ で種類を判別することを考える. 各品種のトレーニングデータ

第1品種の色調・色彩強度		
No.	色調	色彩強度
1	1.04	5.64
⋮	⋮	⋮
47	0.87	5.24

第2品種の色調・色彩強度		
No.	色調	色彩強度
1	1.05	1.95
⋮	⋮	⋮
57	1.71	1.90

から得られた線形判別関数は

$$L(\boldsymbol{x}) = -1.235 x_1 + 2.023 x_2 - 7.165$$

である. この関数を用いて, 以下の種類が不明な5本のワインを判別したい. 次の問に答えよ.

テストデータの色調・色彩強度		
No.	色調	色彩強度
1	0.93	6.00
2	1.12	8.90
3	0.69	3.94
4	0.70	3.40
5	0.91	6.10

(1) No.1〜5のワインの線形判別関数の値を小数第3位まで求めよ.

(2) 以下のそれぞれの場合において, No.1〜5の各ワインを第1品種, 第2品種に判別せよ.

　　(i) 第1品種と第2品種のワインが同程度に流通している場合

　　(ii) 第1品種のワインが7割, 第2品種のワインが3割の割合で流通している場合

4.2.1. 以下の6名の学生の身長・体重のデータが得られている.

学生の身長・体重		
No.	身長	体重
1	168	67
2	177	85
3	172	61
4	183	73
5	165	59
6	159	58

このデータに対し, 距離行列を計算すると以下の通りとなった (空白部分は省略).

	1	2	3	4	5
2	20.12				
3	7.211	24.52			
4	16.16	13.42	16.28		
5	8.544	28.64	7.280	22.80	
6	12.73	32.45	13.34	28.30	6.083

このとき, 以下の方法による階層的クラスター分析で得られるデンドログラムを図示せよ.

(1) 最短距離法 (単連結法)

(2) 最長距離法 (完全連結法)

4.3.1. 4.2.1. で示されている学生の身長・体重のデータに対し, クラスター数を3とした場合のK平均法を用いる. 以下に示すそれぞれの初期クラスターを与えたとき, K平均法によるクラスター分析の結果を求めよ. ただし, 計算が煩雑なので, Excel等を活用して求めること.

初期クラスター (1)				初期クラスター (2)			
No.	身長	体重	初期クラスター	No.	身長	体重	初期クラスター
1	168	67	C_1	1	168	67	C_2
2	177	85	C_1	2	177	85	C_3
3	172	61	C_2	3	172	61	C_2
4	183	73	C_2	4	183	73	C_1
5	165	59	C_3	5	165	59	C_3
6	159	58	C_3	6	159	58	C_1

付　録

演習問題略解

1. 推測統計 (詳論) 編

1.1.1. (1) $0\ (x<0), 1-p\ (0 \leq x < 1), 1\ (x \geq 1)$. (2) p (3) $p(1-p)$ (4) $p(e^t - 1) + 1$ (5) 略

1.1.2. (1) $\exp\left(\mu t + \frac{1}{2}\sigma^2 t^2\right)$ (2) μ (3) σ^2

1.1.3. $m_{Y_1}(t) = (1-2t)^{-\frac{k_1}{2}}$, $m_{Y_2}(t) = (1-2t)^{-\frac{k_2}{2}}$ より, $m_{Y_1+Y_2}(t) = (1-2t)^{-\frac{k_1+k_2}{2}}$.

1.1.4. (1) $0\ (x \leq 0), 1 - e^{-2x}\ (x > 0)$. (2) 2^{-1} (3) 1.151 (4) 1.498 (5) 2.303

1.2.1. (1) $L(p; x_1, \ldots, x_n) = p^{\sum_{i=1}^n x_i}(1-p)^{n-\sum_{i=1}^n x_i}$ (2) $\widehat{p} = \frac{1}{n}\sum_{i=1}^n x_i$

(3) $\dfrac{d^2 \log L}{dp^2} \leq 0$ を示せばよい.

1.2.2. (1) $L(\mu, \sigma^2; x_1, \ldots, x_n) = (2\pi\sigma^2)^{-\frac{n}{2}} \exp\left[-\dfrac{1}{2\sigma^2}\sum_{i=1}^n (x_i - \mu)^2\right]$ (3) $\widehat{\mu} = \dfrac{1}{n}\sum_{i=1}^n x_i,\ \widehat{\sigma}^2 = \dfrac{1}{n}\sum_{i=1}^n (x_i - \overline{x})^2$. (3) $(\mu, \sigma^2) = (\widehat{\mu}, \widehat{\sigma}^2)$ のとき, $\dfrac{\partial^2 \log L}{\partial \mu^2} < 0$, $\det\begin{pmatrix} \dfrac{\partial^2 \log L}{\partial \mu^2} & \dfrac{\partial^2 \log L}{\partial \mu \partial \sigma^2} \\ \dfrac{\partial^2 \log L}{\partial \mu \partial \sigma^2} & \dfrac{\partial^2 \log L}{\partial (\sigma^2)^2} \end{pmatrix} < 0$

を示せばよい.

1.2.3. (1) $L(c; x_1, \ldots, x_n) = c^n \exp\left[-c \sum_{i=1}^n x_i\right]$ (2) $\widehat{c} = \dfrac{1}{\overline{x}}\ \left(\overline{x} = \dfrac{1}{n}\sum_{i=1}^n x_i\right)$

(3) $\dfrac{d^2 \log L}{dc^2} < 0$ を示せばよい.

1.2.4. (1) 13 ページ参照 (2) 14 ページ参照 (3) 11 ページ, 13 ページ参照

1.3.1. (1) $\widehat{\mu}_i = \dfrac{1}{n_i}\sum_{j=1}^{n_i} x_{ij} (= \overline{x}_i)\ (i = 1, 2)$, $\widehat{\sigma}^2 = \dfrac{1}{n}\sum_{i=1}^2 \sum_{j=1}^{n_i}(x_{ij} - \overline{x}_i)^2$. (2) $m_{\overline{X}_i}(t) = \exp\left[t\mu_i + \dfrac{1}{2}\left(\dfrac{\sigma^2}{n_i}\right)t^2\right]$ (3) $N(\mu_1 - \mu_2, (n_1^{-1} + n_2^{-1})\sigma^2)$ (4) 1.1.3.を利用. (5) 18 ページ参照 (6) 略

1.3.2. (1) $\widehat{\mu}_i = \dfrac{1}{n_i}\sum_{j=1}^{n_i} x_{ij} (= \overline{x}_i)\ (i = 1, 2), \widehat{\sigma}_i^2 = \dfrac{1}{n_i}\sum_{j=1}^{n_i}(x_{ij} - \overline{x}_i)^2\ (i = 1, 2)$. (2) 略

1.3.3. (1) $4.9625, 6.17, 0.0941, 0.1690$. (2) 0.1362 (3) 0.557, 保留.
(4) $[0.169, 2.047], [0.133, 2.690], [0.081, 4.759]$. (5) -6.896, 棄却.
(6) (i) 棄却 (ii) 保留 (7) $[-1.513, -0.902], [-1.579, -0.836], [-1.719, -0.696]$.

2. 分散分析編

2.1.1. 略

2.1.2. (1) 114 (2) 238 (3) 1.437, 保留.

(4)

	自由度	平方和	平均平方	検定統計量
A 間	2	114	57	1.437
残差	6	238	39.667	
全体	8	352		

2.2.1. (1) 2948.256 (2) 13.088 (3) 2.588 (4) 47.401 (5) 1119.733, 棄却. (6) 2.485, 保留. (7) 0.491, 保留.

(8)

	自由度	平方和	平均平方	検定統計量
A 間	1	2948.256	2948.256	1119.733
B 間	2	13.088	6.544	2.485
A×B 間	2	2.588	1.294	0.491
残差	18	47.401	2.633	
全体	23	3011.333		

2.3.1.

(1)

	自由度	平方和	平均平方	検定統計量
A 間	1	2948.256	2948.256	1179.774
B 間	2	13.088	6.544	2.619
残差	20	49.989	2.499	
全体	23	3011.333		

(2) 1179.774, 棄却. (3) 2.619, 保留.

3. 相関・回帰編

3.1.1. $\dfrac{\partial Q(\beta_0, \beta_1)}{\partial \beta_0} = 0, \dfrac{\partial Q(\beta_0, \beta_1)}{\partial \beta_1} = 0$ を解く.

3.1.2. $\widehat{\beta_0} \fallingdotseq -5.357, \widehat{\beta_1} \fallingdotseq 3.069$.

3.2.1. 略

3.3.1. 8.745, 棄却.

3.3.2. 0.724, 保留.

3.3.3. 略

3.3.4. $[0.8207, 0.9981], [0.7334, 0.9988], [0.4625, 0.9995]$.

3.4.1. 略

3.4.2. (1) 20.536, 棄却. (2) $[9.418, 14.411]$

3.4.3. $\dfrac{\widehat{\beta_1}}{\sqrt{\dfrac{V}{\sum(x_i-\overline{x})^2}}} = \dfrac{\sqrt{n-2}\,r_{xY}U_Y}{\sqrt{U_Y^2(1-r_{xY}^2)}} = \dfrac{\sqrt{n-2}\,r_{xY}}{\sqrt{1-r_{xY}^2}}.$

3.4.4. 略

3.4.5. $[2.244, 3.895], [1.953, 4.186], [1.019, 5.119].$

3.5.1. (1) $CC^{-1}=I$ を示せばよい.

(2) 以下の両辺で行列式を求めると示される:

$$\begin{pmatrix} I & O \\ -C_{21}C_{11}^{-1} & I \end{pmatrix} \begin{pmatrix} C_{11} & C_{12} \\ C_{21} & C_{22} \end{pmatrix} \begin{pmatrix} I & -C_{11}^{-1}C_{12} \\ O & I \end{pmatrix} = \begin{pmatrix} C_{11} & O \\ O & C_{22\cdot 1} \end{pmatrix}.$$

3.5.2. $\boldsymbol{a}=(a_1,\ldots,a_d)'$, $\boldsymbol{x}=(x_1,\ldots,x_d)'$, $A=(a_{ij})\ (i=1,\ldots,d, j=1,\ldots,d)$ とする.

(1) $\boldsymbol{a}'\boldsymbol{x}=\sum_{i=1}^d a_i x_i$ より,$\dfrac{\partial \boldsymbol{a}'\boldsymbol{x}}{\partial x_\alpha}=a_\alpha.$

(2) $\boldsymbol{x}'A\boldsymbol{x}=\sum_{i=1}^d\sum_{j=1}^d a_{ij}x_ix_j$ より,$\dfrac{\partial \boldsymbol{x}'A\boldsymbol{x}}{\partial x_\alpha}=\sum_{i=1}^d(a_{\alpha i}+a_{i\alpha})x_i.$

3.5.3. (1) 略

(2) $(\boldsymbol{y}-X\boldsymbol{\beta})'(\boldsymbol{y}-X\boldsymbol{\beta})=\boldsymbol{y}'\boldsymbol{y}-2\boldsymbol{y}'X\boldsymbol{\beta}+\boldsymbol{\beta}'X'X\boldsymbol{\beta}$ と 3.5.2. を用いる.

3.5.4. 3.5.1.を用いる.

3.6.1. $y_i-\widehat{y}_i=y_i-\overline{y}-\widehat{\beta}_1(x_i-\overline{x}),\ \widehat{y}_i-\overline{y}=\widehat{\beta}_1(x_i-\overline{x})$ に注意する.

4. 判別・分類編

4.1.1. (1) $3.824, 9.457, -0.047, -1.151, 4.051.$ (2) (i) $1,1,2,2,1.$ (ii) $1,1,1,2,1.$

4.2.1. (1): 上, (2): 下.

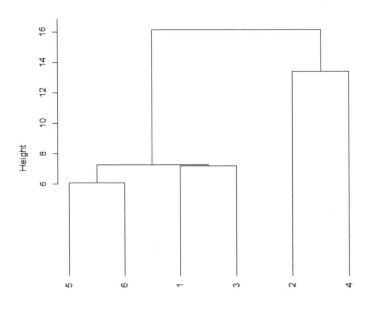

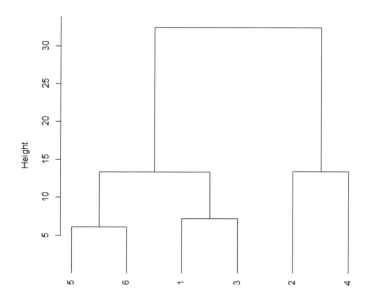

4.3.1. (1) の結果: $C_2, C_1, C_2, C_2, C_3, C_3$. (2) の結果: $C_1, C_3, C_2, C_3, C_2, C_2$.

数　表

標準正規分布の分布関数値

	0.00	0.01	0.02	0.03	0.04	0.05	0.06	0.07	0.08	0.09
0.0	0.500000	0.503989	0.507978	0.511966	0.515953	0.519939	0.523922	0.527903	0.531881	0.535856
0.1	0.539828	0.543795	0.547758	0.551717	0.555670	0.559618	0.563559	0.567495	0.571424	0.575345
0.2	0.579260	0.583166	0.587064	0.590954	0.594835	0.598706	0.602568	0.606420	0.610261	0.614092
0.3	0.617911	0.621720	0.625516	0.629300	0.633072	0.636831	0.640576	0.644309	0.648027	0.651732
0.4	0.655422	0.659097	0.662757	0.666402	0.670031	0.673645	0.677242	0.680822	0.684386	0.687933
0.5	0.691462	0.694974	0.698468	0.701944	0.705401	0.708840	0.712260	0.715661	0.719043	0.722405
0.6	0.725747	0.729069	0.732371	0.735653	0.738914	0.742154	0.745373	0.748571	0.751748	0.754903
0.7	0.758036	0.761148	0.764238	0.767305	0.770350	0.773373	0.776373	0.779350	0.782305	0.785236
0.8	0.788145	0.791030	0.793892	0.796731	0.799546	0.802337	0.805105	0.807850	0.810570	0.813267
0.9	0.815940	0.818589	0.821214	0.823814	0.826391	0.828944	0.831472	0.833977	0.836457	0.838913
1.0	0.841345	0.843752	0.846136	0.848495	0.850830	0.853141	0.855428	0.857690	0.859929	0.862143
1.1	0.864334	0.866500	0.868643	0.870762	0.872857	0.874928	0.876976	0.879000	0.881000	0.882977
1.2	0.884930	0.886861	0.888768	0.890651	0.892512	0.894350	0.896165	0.897958	0.899727	0.901475
1.3	0.903200	0.904902	0.906582	0.908241	0.909877	0.911492	0.913085	0.914657	0.916207	0.917736
1.4	0.919243	0.920730	0.922196	0.923641	0.925066	0.926471	0.927855	0.929219	0.930563	0.931888
1.5	0.933193	0.934478	0.935745	0.936992	0.938220	0.939429	0.940620	0.941792	0.942947	0.944083
1.6	0.945201	0.946301	0.947384	0.948449	0.949497	0.950529	0.951543	0.952540	0.953521	0.954486
1.7	0.955435	0.956367	0.957284	0.958185	0.959070	0.959941	0.960796	0.961636	0.962462	0.963273
1.8	0.964070	0.964852	0.965620	0.966375	0.967116	0.967843	0.968557	0.969258	0.969946	0.970621
1.9	0.971283	0.971933	0.972571	0.973197	0.973810	0.974412	0.975002	0.975581	0.976148	0.976705
2.0	0.977250	0.977784	0.978308	0.978822	0.979325	0.979818	0.980301	0.980774	0.981237	0.981691
2.1	0.982136	0.982571	0.982997	0.983414	0.983823	0.984222	0.984614	0.984997	0.985371	0.985738
2.2	0.986097	0.986447	0.986791	0.987126	0.987455	0.987776	0.988089	0.988396	0.988696	0.988989
2.3	0.989276	0.989556	0.989830	0.990097	0.990358	0.990613	0.990863	0.991106	0.991344	0.991576
2.4	0.991802	0.992024	0.992240	0.992451	0.992656	0.992857	0.993053	0.993244	0.993431	0.993613
2.5	0.993790	0.993963	0.994132	0.994297	0.994457	0.994614	0.994766	0.994915	0.995060	0.995201
2.6	0.995339	0.995473	0.995604	0.995731	0.995855	0.995975	0.996093	0.996207	0.996319	0.996427
2.7	0.996533	0.996636	0.996736	0.996833	0.996928	0.997020	0.997110	0.997197	0.997282	0.997365
2.8	0.997445	0.997523	0.997599	0.997673	0.997744	0.997814	0.997882	0.997948	0.998012	0.998074
2.9	0.998134	0.998193	0.998250	0.998305	0.998359	0.998411	0.998462	0.998511	0.998559	0.998605
3.0	0.998650	0.998694	0.998736	0.998777	0.998817	0.998856	0.998893	0.998930	0.998965	0.998999
3.1	0.999032	0.999065	0.999096	0.999126	0.999155	0.999184	0.999211	0.999238	0.999264	0.999289
3.2	0.999313	0.999336	0.999359	0.999381	0.999402	0.999423	0.999443	0.999462	0.999481	0.999499
3.3	0.999517	0.999534	0.999550	0.999566	0.999581	0.999596	0.999610	0.999624	0.999638	0.999651
3.4	0.999663	0.999675	0.999687	0.999698	0.999709	0.999720	0.999730	0.999740	0.999749	0.999758
3.5	0.999767	0.999776	0.999784	0.999792	0.999800	0.999807	0.999815	0.999822	0.999828	0.999835
3.6	0.999841	0.999847	0.999853	0.999858	0.999864	0.999869	0.999874	0.999879	0.999883	0.999888
3.7	0.999892	0.999896	0.999900	0.999904	0.999908	0.999912	0.999915	0.999918	0.999922	0.999925
3.8	0.999928	0.999931	0.999933	0.999936	0.999938	0.999941	0.999943	0.999946	0.999948	0.999950
3.9	0.999952	0.999954	0.999956	0.999958	0.999959	0.999961	0.999963	0.999964	0.999966	0.999967
4.0	0.999968	0.999970	0.999971	0.999972	0.999973	0.999974	0.999975	0.999976	0.999977	0.999978
4.1	0.999979	0.999980	0.999981	0.999982	0.999983	0.999983	0.999984	0.999985	0.999985	0.999986
4.2	0.999987	0.999987	0.999988	0.999988	0.999989	0.999989	0.999990	0.999990	0.999991	0.999991
4.3	0.999991	0.999992	0.999992	0.999993	0.999993	0.999993	0.999993	0.999994	0.999994	0.999994
4.4	0.999995	0.999995	0.999995	0.999995	0.999996	0.999996	0.999996	0.999996	0.999996	0.999996
4.5	0.999997	0.999997	0.999997	0.999997	0.999997	0.999997	0.999997	0.999998	0.999998	0.999998
4.6	0.999998	0.999998	0.999998	0.999998	0.999998	0.999998	0.999998	0.999998	0.999999	0.999999

標準正規分布の上側パーセント点

上側10%	1.282
上側5.0%	1.645
上側2.5%	1.960
上側1.0%	2.326
上側0.5%	2.576

t 分布の上側パーセント点

自由度	上側10%	上側5.0%	上側2.5%	上側1.0%	上側0.5%
1	3.078	6.314	12.706	31.821	63.657
2	1.886	2.920	4.303	6.965	9.925
3	1.638	2.353	3.182	4.541	5.841
4	1.533	2.132	2.776	3.747	4.604
5	1.476	2.015	2.571	3.365	4.032
6	1.440	1.943	2.447	3.143	3.707
7	1.415	1.895	2.365	2.998	3.499
8	1.397	1.860	2.306	2.896	3.355
9	1.383	1.833	2.262	2.821	3.250
10	1.372	1.812	2.228	2.764	3.169
11	1.363	1.796	2.201	2.718	3.106
12	1.356	1.782	2.179	2.681	3.055
13	1.350	1.771	2.160	2.650	3.012
14	1.345	1.761	2.145	2.624	2.977
15	1.341	1.753	2.131	2.602	2.947
16	1.337	1.746	2.120	2.583	2.921
17	1.333	1.740	2.110	2.567	2.898
18	1.330	1.734	2.101	2.552	2.878
19	1.328	1.729	2.093	2.539	2.861
20	1.325	1.725	2.086	2.528	2.845
21	1.323	1.721	2.080	2.518	2.831
22	1.321	1.717	2.074	2.508	2.819
23	1.319	1.714	2.069	2.500	2.807
24	1.318	1.711	2.064	2.492	2.797
25	1.316	1.708	2.060	2.485	2.787
26	1.315	1.706	2.056	2.479	2.779
27	1.314	1.703	2.052	2.473	2.771
28	1.313	1.701	2.048	2.467	2.763
29	1.311	1.699	2.045	2.462	2.756
30	1.310	1.697	2.042	2.457	2.750
31	1.309	1.696	2.040	2.453	2.744
32	1.309	1.694	2.037	2.449	2.738
33	1.308	1.692	2.035	2.445	2.733
34	1.307	1.691	2.032	2.441	2.728
35	1.306	1.690	2.030	2.438	2.724
36	1.306	1.688	2.028	2.434	2.719
37	1.305	1.687	2.026	2.431	2.715
38	1.304	1.686	2.024	2.429	2.712
39	1.304	1.685	2.023	2.426	2.708
40	1.303	1.684	2.021	2.423	2.704
41	1.303	1.683	2.020	2.421	2.701
42	1.302	1.682	2.018	2.418	2.698
43	1.302	1.681	2.017	2.416	2.695
44	1.301	1.680	2.015	2.414	2.692
45	1.301	1.679	2.014	2.412	2.690
46	1.300	1.679	2.013	2.410	2.687
47	1.300	1.678	2.012	2.408	2.685
48	1.299	1.677	2.011	2.407	2.682
49	1.299	1.677	2.010	2.405	2.680
50	1.299	1.676	2.009	2.403	2.678

カイ二乗分布の上側パーセント点

自由度	上側99.5%	上側99%	上側97.5%	上側95%	上側90%	上側10%	上側5.0%	上側2.5%	上側1.0%	上側0.5%
1	0.00004	0.00016	0.001	0.004	0.016	2.706	3.841	5.024	6.635	7.879
2	0.010	0.020	0.051	0.103	0.211	4.605	5.991	7.378	9.210	10.597
3	0.072	0.115	0.216	0.352	0.584	6.251	7.815	9.348	11.345	12.838
4	0.207	0.297	0.484	0.711	1.064	7.779	9.488	11.143	13.277	14.860
5	0.412	0.554	0.831	1.145	1.610	9.236	11.070	12.833	15.086	16.750
6	0.676	0.872	1.237	1.635	2.204	10.645	12.592	14.449	16.812	18.548
7	0.989	1.239	1.690	2.167	2.833	12.017	14.067	16.013	18.475	20.278
8	1.344	1.646	2.180	2.733	3.490	13.362	15.507	17.535	20.090	21.955
9	1.735	2.088	2.700	3.325	4.168	14.684	16.919	19.023	21.666	23.589
10	2.156	2.558	3.247	3.940	4.865	15.987	18.307	20.483	23.209	25.188
11	2.603	3.053	3.816	4.575	5.578	17.275	19.675	21.920	24.725	26.757
12	3.074	3.571	4.404	5.226	6.304	18.549	21.026	23.337	26.217	28.300
13	3.565	4.107	5.009	5.892	7.042	19.812	22.362	24.736	27.688	29.819
14	4.075	4.660	5.629	6.571	7.790	21.064	23.685	26.119	29.141	31.319
15	4.601	5.229	6.262	7.261	8.547	22.307	24.996	27.488	30.578	32.801
16	5.142	5.812	6.908	7.962	9.312	23.542	26.296	28.845	32.000	34.267
17	5.697	6.408	7.564	8.672	10.085	24.769	27.587	30.191	33.409	35.718
18	6.265	7.015	8.231	9.390	10.865	25.989	28.869	31.526	34.805	37.156
19	6.844	7.633	8.907	10.117	11.651	27.204	30.144	32.852	36.191	38.582
20	7.434	8.260	9.591	10.851	12.443	28.412	31.410	34.170	37.566	39.997
21	8.034	8.897	10.283	11.591	13.240	29.615	32.671	35.479	38.932	41.401
22	8.643	9.542	10.982	12.338	14.041	30.813	33.924	36.781	40.289	42.796
23	9.260	10.196	11.689	13.091	14.848	32.007	35.172	38.076	41.638	44.181
24	9.886	10.856	12.401	13.848	15.659	33.196	36.415	39.364	42.980	45.559
25	10.520	11.524	13.120	14.611	16.473	34.382	37.652	40.646	44.314	46.928
26	11.160	12.198	13.844	15.379	17.292	35.563	38.885	41.923	45.642	48.290
27	11.808	12.879	14.573	16.151	18.114	36.741	40.113	43.195	46.963	49.645
28	12.461	13.565	15.308	16.928	18.939	37.916	41.337	44.461	48.278	50.993
29	13.121	14.256	16.047	17.708	19.768	39.087	42.557	45.722	49.588	52.336
30	13.787	14.953	16.791	18.493	20.599	40.256	43.773	46.979	50.892	53.672
31	14.458	15.655	17.539	19.281	21.434	41.422	44.985	48.232	52.191	55.003
32	15.134	16.362	18.291	20.072	22.271	42.585	46.194	49.480	53.486	56.328
33	15.815	17.074	19.047	20.867	23.110	43.745	47.400	50.725	54.776	57.648
34	16.501	17.789	19.806	21.664	23.952	44.903	48.602	51.966	56.061	58.964
35	17.192	18.509	20.569	22.465	24.797	46.059	49.802	53.203	57.342	60.275
36	17.887	19.233	21.336	23.269	25.643	47.212	50.998	54.437	58.619	61.581
37	18.586	19.960	22.106	24.075	26.492	48.363	52.192	55.668	59.893	62.883
38	19.289	20.691	22.878	24.884	27.343	49.513	53.384	56.896	61.162	64.181
39	19.996	21.426	23.654	25.695	28.196	50.660	54.572	58.120	62.428	65.476
40	20.707	22.164	24.433	26.509	29.051	51.805	55.758	59.342	63.691	66.766
41	21.421	22.906	25.215	27.326	29.907	52.949	56.942	60.561	64.950	68.053
42	22.138	23.650	25.999	28.144	30.765	54.090	58.124	61.777	66.206	69.336
43	22.859	24.398	26.785	28.965	31.625	55.230	59.304	62.990	67.459	70.616
44	23.584	25.148	27.575	29.787	32.487	56.369	60.481	64.201	68.710	71.893
45	24.311	25.901	28.366	30.612	33.350	57.505	61.656	65.410	69.957	73.166
46	25.041	26.657	29.160	31.439	34.215	58.641	62.830	66.617	71.201	74.437
47	25.775	27.416	29.956	32.268	35.081	59.774	64.001	67.821	72.443	75.704
48	26.511	28.177	30.755	33.098	35.949	60.907	65.171	69.023	73.683	76.969
49	27.249	28.941	31.555	33.930	36.818	62.038	66.339	70.222	74.919	78.231
50	27.991	29.707	32.357	34.764	37.689	63.167	67.505	71.420	76.154	79.490

F 分布の上側 10 パーセント点

		第2自由度									
		1	2	3	4	5	6	7	8	9	10
第1自由度	1	39.86	8.526	5.538	4.545	4.060	3.776	3.589	3.458	3.360	3.285
	2	49.50	9.000	5.462	4.325	3.780	3.463	3.257	3.113	3.006	2.924
	3	53.59	9.162	5.391	4.191	3.619	3.289	3.074	2.924	2.813	2.728
	4	55.83	9.243	5.343	4.107	3.520	3.181	2.961	2.806	2.693	2.605
	5	57.24	9.293	5.309	4.051	3.453	3.108	2.883	2.726	2.611	2.522
	6	58.20	9.326	5.285	4.010	3.405	3.055	2.827	2.668	2.551	2.461
	7	58.91	9.349	5.266	3.979	3.368	3.014	2.785	2.624	2.505	2.414
	8	59.44	9.367	5.252	3.955	3.339	2.983	2.752	2.589	2.469	2.377
	9	59.86	9.381	5.240	3.936	3.316	2.958	2.725	2.561	2.440	2.347
	10	60.19	9.392	5.230	3.920	3.297	2.937	2.703	2.538	2.416	2.323

		第2自由度									
		11	12	13	14	15	16	17	18	19	20
第1自由度	1	3.225	3.177	3.136	3.102	3.073	3.048	3.026	3.007	2.990	2.975
	2	2.860	2.807	2.763	2.726	2.695	2.668	2.645	2.624	2.606	2.589
	3	2.660	2.606	2.560	2.522	2.490	2.462	2.437	2.416	2.397	2.380
	4	2.536	2.480	2.434	2.395	2.361	2.333	2.308	2.286	2.266	2.249
	5	2.451	2.394	2.347	2.307	2.273	2.244	2.218	2.196	2.176	2.158
	6	2.389	2.331	2.283	2.243	2.208	2.178	2.152	2.130	2.109	2.091
	7	2.342	2.283	2.234	2.193	2.158	2.128	2.102	2.079	2.058	2.040
	8	2.304	2.245	2.195	2.154	2.119	2.088	2.061	2.038	2.017	1.999
	9	2.274	2.214	2.164	2.122	2.086	2.055	2.028	2.005	1.984	1.965
	10	2.248	2.188	2.138	2.095	2.059	2.028	2.001	1.977	1.956	1.937

F 分布の上側 5 パーセント点

		第2自由度									
		1	2	3	4	5	6	7	8	9	10
第1自由度	1	161.4	18.51	10.13	7.709	6.608	5.987	5.591	5.318	5.117	4.965
	2	199.5	19.00	9.552	6.944	5.786	5.143	4.737	4.459	4.256	4.103
	3	215.7	19.16	9.277	6.591	5.409	4.757	4.347	4.066	3.863	3.708
	4	224.6	19.25	9.117	6.388	5.192	4.534	4.120	3.838	3.633	3.478
	5	230.2	19.30	9.013	6.256	5.050	4.387	3.972	3.687	3.482	3.326
	6	234.0	19.33	8.941	6.163	4.950	4.284	3.866	3.581	3.374	3.217
	7	236.8	19.35	8.887	6.094	4.876	4.207	3.787	3.500	3.293	3.135
	8	238.9	19.37	8.845	6.041	4.818	4.147	3.726	3.438	3.230	3.072
	9	240.5	19.38	8.812	5.999	4.772	4.099	3.677	3.388	3.179	3.020
	10	241.9	19.40	8.786	5.964	4.735	4.060	3.637	3.347	3.137	2.978

		第2自由度									
		11	12	13	14	15	16	17	18	19	20
第1自由度	1	4.844	4.747	4.667	4.600	4.543	4.494	4.451	4.414	4.381	4.351
	2	3.982	3.885	3.806	3.739	3.682	3.634	3.592	3.555	3.522	3.493
	3	3.587	3.490	3.411	3.344	3.287	3.239	3.197	3.160	3.127	3.098
	4	3.357	3.259	3.179	3.112	3.056	3.007	2.965	2.928	2.895	2.866
	5	3.204	3.106	3.025	2.958	2.901	2.852	2.810	2.773	2.740	2.711
	6	3.095	2.996	2.915	2.848	2.790	2.741	2.699	2.661	2.628	2.599
	7	3.012	2.913	2.832	2.764	2.707	2.657	2.614	2.577	2.544	2.514
	8	2.948	2.849	2.767	2.699	2.641	2.591	2.548	2.510	2.477	2.447
	9	2.896	2.796	2.714	2.646	2.588	2.538	2.494	2.456	2.423	2.393
	10	2.854	2.753	2.671	2.602	2.544	2.494	2.450	2.412	2.378	2.348

F分布の上側2.5パーセント点

		第2自由度									
		1	2	3	4	5	6	7	8	9	10
第1自由度	1	647.8	38.51	17.44	12.22	10.01	8.813	8.073	7.571	7.209	6.937
	2	799.5	39.00	16.04	10.65	8.434	7.260	6.542	6.059	5.715	5.456
	3	864.2	39.17	15.44	9.979	7.764	6.599	5.890	5.416	5.078	4.826
	4	899.6	39.25	15.10	9.605	7.388	6.227	5.523	5.053	4.718	4.468
	5	921.8	39.30	14.88	9.364	7.146	5.988	5.285	4.817	4.484	4.236
	6	937.1	39.33	14.73	9.197	6.978	5.820	5.119	4.652	4.320	4.072
	7	948.2	39.36	14.62	9.074	6.853	5.695	4.995	4.529	4.197	3.950
	8	956.7	39.37	14.54	8.980	6.757	5.600	4.899	4.433	4.102	3.855
	9	963.3	39.39	14.47	8.905	6.681	5.523	4.823	4.357	4.026	3.779
	10	968.6	39.40	14.42	8.844	6.619	5.461	4.761	4.295	3.964	3.717

		第2自由度									
		11	12	13	14	15	16	17	18	19	20
第1自由度	1	6.724	6.554	6.414	6.298	6.200	6.115	6.042	5.978	5.922	5.871
	2	5.256	5.096	4.965	4.857	4.765	4.687	4.619	4.560	4.508	4.461
	3	4.630	4.474	4.347	4.242	4.153	4.077	4.011	3.954	3.903	3.859
	4	4.275	4.121	3.996	3.892	3.804	3.729	3.665	3.608	3.559	3.515
	5	4.044	3.891	3.767	3.663	3.576	3.502	3.438	3.382	3.333	3.289
	6	3.881	3.728	3.604	3.501	3.415	3.341	3.277	3.221	3.172	3.128
	7	3.759	3.607	3.483	3.380	3.293	3.219	3.156	3.100	3.051	3.007
	8	3.664	3.512	3.388	3.285	3.199	3.125	3.061	3.005	2.956	2.913
	9	3.588	3.436	3.312	3.209	3.123	3.049	2.985	2.929	2.880	2.837
	10	3.526	3.374	3.250	3.147	3.060	2.986	2.922	2.866	2.817	2.774

F分布の上側1パーセント点

		第2自由度									
		1	2	3	4	5	6	7	8	9	10
第1自由度	1	4052.2	98.50	34.12	21.20	16.26	13.75	12.25	11.26	10.56	10.04
	2	4999.5	99.00	30.82	18.00	13.27	10.92	9.547	8.649	8.022	7.559
	3	5403.4	99.17	29.46	16.69	12.06	9.780	8.451	7.591	6.992	6.552
	4	5624.6	99.25	28.71	15.98	11.39	9.148	7.847	7.006	6.422	5.994
	5	5763.6	99.30	28.24	15.52	10.97	8.746	7.460	6.632	6.057	5.636
	6	5859.0	99.33	27.91	15.21	10.67	8.466	7.191	6.371	5.802	5.386
	7	5928.4	99.36	27.67	14.98	10.46	8.260	6.993	6.178	5.613	5.200
	8	5981.1	99.37	27.49	14.80	10.29	8.102	6.840	6.029	5.467	5.057
	9	6022.5	99.39	27.35	14.66	10.16	7.976	6.719	5.911	5.351	4.942
	10	6055.8	99.40	27.23	14.55	10.05	7.874	6.620	5.814	5.257	4.849

		第2自由度									
		11	12	13	14	15	16	17	18	19	20
第1自由度	1	9.646	9.330	9.074	8.862	8.683	8.531	8.400	8.285	8.185	8.096
	2	7.206	6.927	6.701	6.515	6.359	6.226	6.112	6.013	5.926	5.849
	3	6.217	5.953	5.739	5.564	5.417	5.292	5.185	5.092	5.010	4.938
	4	5.668	5.412	5.205	5.035	4.893	4.773	4.669	4.579	4.500	4.431
	5	5.316	5.064	4.862	4.695	4.556	4.437	4.336	4.248	4.171	4.103
	6	5.069	4.821	4.620	4.456	4.318	4.202	4.102	4.015	3.939	3.871
	7	4.886	4.640	4.441	4.278	4.142	4.026	3.927	3.841	3.765	3.699
	8	4.744	4.499	4.302	4.140	4.004	3.890	3.791	3.705	3.631	3.564
	9	4.632	4.388	4.191	4.030	3.895	3.780	3.682	3.597	3.523	3.457
	10	4.539	4.296	4.100	3.939	3.805	3.691	3.593	3.508	3.434	3.368

F 分布の上側 0.5 パーセント点

		第2自由度									
		1	2	3	4	5	6	7	8	9	10
第1自由度	1	16210.7	198.5	55.55	31.33	22.78	18.63	16.24	14.69	13.61	12.83
	2	19999.5	199.0	49.80	26.28	18.31	14.54	12.40	11.04	10.11	9.427
	3	21614.7	199.2	47.47	24.26	16.53	12.92	10.88	9.596	8.717	8.081
	4	22499.6	199.2	46.19	23.15	15.56	12.03	10.05	8.805	7.956	7.343
	5	23055.8	199.3	45.39	22.46	14.94	11.46	9.522	8.302	7.471	6.872
	6	23437.1	199.3	44.84	21.97	14.51	11.07	9.155	7.952	7.134	6.545
	7	23714.6	199.4	44.43	21.62	14.20	10.79	8.885	7.694	6.885	6.302
	8	23925.4	199.4	44.13	21.35	13.96	10.57	8.678	7.496	6.693	6.116
	9	24091.0	199.4	43.88	21.14	13.77	10.39	8.514	7.339	6.541	5.968
	10	24224.5	199.4	43.69	20.97	13.62	10.25	8.380	7.211	6.417	5.847
		第2自由度									
		11	12	13	14	15	16	17	18	19	20
第1自由度	1	12.23	11.75	11.37	11.06	10.80	10.58	10.38	10.22	10.07	9.944
	2	8.912	8.510	8.186	7.922	7.701	7.514	7.354	7.215	7.093	6.986
	3	7.600	7.226	6.926	6.680	6.476	6.303	6.156	6.028	5.916	5.818
	4	6.881	6.521	6.233	5.998	5.803	5.638	5.497	5.375	5.268	5.174
	5	6.422	6.071	5.791	5.562	5.372	5.212	5.075	4.956	4.853	4.762
	6	6.102	5.757	5.482	5.257	5.071	4.913	4.779	4.663	4.561	4.472
	7	5.865	5.525	5.253	5.031	4.847	4.692	4.559	4.445	4.345	4.257
	8	5.682	5.345	5.076	4.857	4.674	4.521	4.389	4.276	4.177	4.090
	9	5.537	5.202	4.935	4.717	4.536	4.384	4.254	4.141	4.043	3.956
	10	5.418	5.085	4.820	4.603	4.424	4.272	4.142	4.030	3.933	3.847

参考文献

[1] Gareth James・Daniela Witten・Trevor Hastie・Robert Tibshirani (著), 落海 浩・首藤 信通 (訳), 『R による統計的学習入門』(朝倉書店, 2018)

[2] 松井 秀俊・小泉 和之 (著), 竹村 彰通 (編), 『統計モデルと推測』(講談社, 2019)

[3] 永田 靖・棟近 雅彦, 『多変量解析法入門』(サイエンス社, 2001)

[4] 野田 一雄・宮岡 悦良, 『入門・演習 数理統計』(共立出版, 1990)

[5] 野田 一雄・宮岡 悦良, 『数理統計学の基礎』(共立出版, 1992)

[6] 首藤 信通, 『数理統計 講義ノート』(学術図書出版社, 2018)

[7] 塩谷 實, 『多変量解析概論』(朝倉書店, 1990)

[8] 杉山 髙一・藤越 康祝 (監), 『R・Python による統計データ科学』(勉誠出版, 2020)

索 引

記号

$\chi^2_k(\alpha)$, 8
$F_{k_1,k_2}(\alpha)$, 8
$\overset{i.i.d.}{\sim}$, 30
$t_k(\alpha)$, 8
$z(\alpha)$, 8

あ行

赤池情報量規準, 76
R^2 値, 75
1 元配置分散分析, 30
一致推定量, 13
一致性, 13
因子, 30
上側 $100\alpha\%$ 点, 8
Ward 法, 92
AIC, 76
A 間平方和, 32, 38
A×B 間平方和, 38
F 分布, 7

か行

階層的クラスター分析, 93
カイ二乗分布, 6
確率関数, 3
確率分布, 2
確率変数, 2
確率密度関数, 4
仮説検定, 18
片側検定, 21
偏り, 14
完全連結法, 91
期待値, 3, 4
クラスター, 90
クラスター内変動, 98
クラスター分析, 90
群, 84
群平均法, 91
K 平均法, 98
結合確率関数, 5
結合確率密度関数, 5, 54
決定係数, 75
検出力, 20
検定統計量, 19

交互作用効果, 36
誤判別確率, 85

さ行

最小 2 乗法, 51, 70
再生性, 6
最短距離法, 91
最長距離法, 91
最尤推定法, 11
残差, 51
残差平方和, 32, 38, 51, 70
散布図, 48
重回帰分析, 70
重心法, 92
重相関係数, 75
従属変数, 50
自由度調整済み R^2 値, 76
自由度調整済み決定係数, 76
周辺確率関数, 5
周辺確率密度関数, 5, 54
樹形図, 93
主効果, 30
条件付き確率関数, 5
条件付き確率密度関数, 5, 54
初期クラスター, 99
信頼区間, 19
信頼水準, 19
水準, 30
正規分布, 4
正規母集団, 12
積率, 3, 4
積率母関数, 3, 4
Z 変換, 59
説明変数, 50
漸近正規性, 13
線形重回帰モデル, 70
線形判別関数, 87
先験確率, 85
総平方和, 32, 38

た行

第 1 種の過誤, 20
第 2 種の過誤, 20
対数尤度関数, 11

単連結法, 91
t 分布, 7
テストデータ, 84
デンドログラム, 93
独立, 5
独立変数, 50
トレーニングデータ, 84

な行

2 元配置分散分析, 36
二項母集団, 11
2 次判別関数, 87
2 変量正規分布, 55

は行

判別規準, 85
判別分岐点, 86
判別分析, 84
B 間平方和, 38
P 値, 33
非階層的クラスター分析, 98
標本, 10
標本回帰係数, 57
標本回帰直線, 50
標本共分散, 48
標本空間, 2
標本相関係数, 49
標本点, 2
標本平均ベクトル, 101
不偏推定量, 14
不偏性, 14
不偏標本共分散, 49
分散, 3, 4
分散共分散行列, 54
分散分析, 30
分散分析表, 34, 40, 43
分布, 2
分布関数, 3, 4
分布収束, 13
平均, 3, 4
平均平方, 34
平均ベクトル, 54
併合標本分散, 17
併合不偏標本分散, 17

ベイズ判別規準, 86
平方和, 31
ベルヌーイ分布, 3
母回帰曲線, 55
母回帰係数, 57
母回帰直線, 56
母集団, 10
母集団分布, 10

母相関係数, 55

ま行

無作為標本, 10
目的変数, 50

や行

有意水準, 19

尤度関数, 11

ら行

離散型確率分布, 3
離散型確率変数, 2
連続型確率分布, 4
連続型確率変数, 2

著者紹介

首藤　信通（しゅとう　のぶみち）

2012 年　東京理科大学大学院理学研究科 博士後期課程修了　博士（理学）
　　現在　近畿大学理工学部 准教授

統計科学　講義ノート

2019 年 3 月 20 日　　第 1 版　第 1 刷　発行
2020 年 4 月 10 日　　第 1 版　第 2 刷　発行

著　　者　　首藤信通
発 行 者　　発田和子
発 行 所　　株式会社　学術図書出版社

〒113-0033　東京都文京区本郷 5 丁目 4 の 6
TEL 03-3811-0889　振替 00110-4-28454
印刷　三和印刷（株）

定価は表紙に表示してあります．

本書の一部または全部を無断で複写（コピー）・複製・転載することは，著作権法でみとめられた場合を除き，著作者および出版社の権利の侵害となります．あらかじめ，小社に許諾を求めて下さい．

Ⓒ 2019　N. Shutoh
Printed in Japan
ISBN978-4-7806-0797-0　C3041